TRAZOS SOBRE UN MAPA BREVE

TRAZOS SOBRE UN MAPA BREVE

Domingo Campillo

PRESENTACIÓN

La mirada a la Antártida, que nos plantea en imágenes Domingo Campillo Garcia, nos introduce en uno de los espacios más singulares de nuestra tierra y al que tenemos la ineludible obligación de preservar como quedó patente en el lejano año de 1959 con la firma del llamado *Tratado Antártico*.

Conocida como *el sexto continente*, la inmensa tierra del Sur, fue descrita desde antiguo por los navegantes y ha ejercido desde siempre la más fuerte atracción por hallar la mítica *Terra Australis*, incentivando a la humanidad su conocimiento en un esfuerzo descubridor que parte desde las primeras exploraciones del siglo XVI hasta culminar con las bien conocidas exploraciones del siglo pasado comandadas por el noruego Roald Amundsen o por el británico capitán Scott.

No es de extrañar tal interés, puesto que la Antártida, la inmensa tierra del hielo, presenta una serie de características que la hacen única en nuestro mundo: en ella se conserva la mayor cantidad de agua dulce que alberga el planeta ya que alcanza al 80% del total; además, resulta ser el continente más elevado de la tierra, y entre sus singularidades destaca ser el lugar más seco del mundo puesto que la práctica totalidad de su territorio la ocupa un desierto nival de una casi nula humedad.

El descubrimiento de 22 imágenes inéditas de la fracasada expedición de Shackleton –que se unen a otras que también conservamos del australiano Frank Hurley

PRESENTATION

Domingo Campillo Garcia's images offer us a glimpse of the Antarctic that introduces us to one of the most extraordinary places on earth – a place we are inescapably obliged to preserve, as decreed in the 1959 *Antarctic Treaty*.

Known as the sixth continent, this immense southern territory has been described by navigators for centuries and has always exerted a tremendous appeal in the search for the mythical *Terra Australis*. Humanity's impulse toward knowledge of this place, the drive to discover, can be seen from the earliest explorations of the 16th Century to the well-documented expeditions of the 20th Century, led by Norwegian Roald Amundsen or the Englishman Captain Scott.

Such interest is hardly surprising. The Antarctic, this vast land of ice, has a number of features that make it entirely unique in our world: it holds 80% of the planet's fresh water, for instance, and is the highest continent on earth. Among other remarkable characteristics, it is the driest place in the world, almost entirely comprising frozen desert with virtually zero humidity.

The discovery of 22 unpublished images of Shackleton's doomed expedition, together with those of the Australian explorer Frank Hurley or Norwegian Olav Bjaaland, reveals man's presence in the Antarctic during the first expeditions of the 20th Century, and bears witness to our sustained endeavours of geographical exploration. Now,

o del noruego Olav Bjaaland– nos muestra la primera presencia del hombre en la Antártida en tiempo de las primeras expediciones del siglo XX y su lucha sostenida en su inicial exploración geográfica. Como contraste Domingo Campillo hoy nos propone en su excelente obra, mediante el instrumento de la belleza de la fotografía, el reencuentro con una naturaleza virgen que le confiere su singularidad y condición de territorio extraordinario sin la presencia del hombre, salvo la huella escrita de su paso, para así redescubrir un paisaje único en un continente excepcional.

Francisco González Lodeiro
Rector de la Universidad de Granada

by contrast, in this excellent work Domingo Campillo uses the beauty of photography to show us a reencounter with nature in a virgin state that marks this territory out as entirely singular and extraordinary, with no visible presence of man except in written form, and in so doing rediscovers a unique landscape on an exceptional continent.

Francisco González Lodeiro
Rector of the University of Granada

LA ANTÁRTIDA: UN COMPROMISO COMPARTIDO

La obra que tiene ante sus ojos, cuyo artífice es Domingo Campillo, es el resultado de la colaboración entre varias instituciones como queda reconocida en la misma. En particular, colaboran los proyectos de Campus de Excelencia Internacional en los que participa la Universidad de Granada que son el CEIMAR, con una clara y explícita orientación al mundo relacionado con el mar, y el CEI BioTic Granada cuyo lema es "Compromiso por un desarrollo compartido". En éste último caso por la relación que tiene este trabajo con dos de sus áreas estratégicas, la de Sistema Tierra y la de Cultura y Patrimonio.

Esta obra versa sobre lo que ofrece nuestro planeta en tanto que patrimonio común junto con el intento, literalmente, de aprehensión del artista de dicho patrimonio.

Efectivamente, lo que nos presenta el profesor Campillo tiene mucho de mapas que no se trazaron, que no se dibujaron pero que se soñaron e idealizaron, de imágenes, de paisajes sublimes (que no lo son tanto cuando constatan la presencia humana, como en el único caso en que ésta se presenta), de viaje, en fin de expectativas. Difícil asunto la gestión de expectativas.

Estas imágenes son ricas en sugerencias, desde las más enfocadas al detalle o a lo micro hasta las que conectan con una perspectiva amplia, de futuro en peligro precisado de compromiso y de respeto, a lo macro. Quizás una combinación fractal. La vida en los detalles y las consecuencias de nuestra manera de vivir.

THE ANTARCTIC: A SHARED COMMITMENT

The book you have before you, created by Domingo Campillo García, is the fruit of collaboration between several institutions reflected in its content. In particular it reflects collaboration between two key projects of the University of Granada's Campus of International Excellence initiative, namely CEIMAR, which has an explicit focus on all things related to the sea, and CEI BioTic Granada, whose strap-line is "A shared commitment to shared development". In the case of the latter initiative, the book has a strong link with two of its strategic areas – Earth System and Culture and Heritage.

This work provides a glimpse of what our planet has to offer in terms of shared heritage, and expresses the artist's attempt to quite literally apprehend something of that heritage.

Indeed what Dr. Campillo presents here says much about maps that could be neither traced nor drawn but that were dreamed and idealized into being. His work conveys images of sublime landscapes (perhaps not so sublime when they bear the marks of human presence, as can be seen from one of the photographs in particular), of travel, and ultimately of expectations. A tricky subject, the management of expectations.

These images are as rich are they are suggestive, taking us from the tiniest detail – the micro perspective – to a macro view that links to a broader vision of a future in danger and in need of our commitment and respect.

Un territorio que es testigo de nuestra evolución. Tan lejano geográficamente y a la vez tan próximo a nuestras preocupaciones por la sostenibilidad de nuestra forma de vida: una amenaza incesante como consecuencia de nuestros actos.

Sea éste un tributo a ese patrimonio del Sistema Tierra, a esa propuesta de cultura comprometida que hay que agradecer al autor.

Teodoro Luque Martínez
Coordinador del CEI BioTic Granada

A fractal combination, one might say: life in the details and the consequences of our way of living. A territory that bears witness to our evolution. So geographically distant and yet so much a part of our concern for the sustainability of our life form: an ever-present threat as a result of our actions.

Let this book be a tribute to that heritage of our Earth System and to the cultural commitment shown by its author, to whom our thanks are due.

Teodoro Luque Martínez
Coordinator, CEI BioTic Granada

ISLA DECEPCIÓN: UN LABORATORIO ÚNICO

A finales de 2014 conocimos con satisfacción un estudio que revelaba que la Universidad de Granada es la institución universitaria que, a nivel mundial, mayor productividad científica ha generado sobre la región antártica de las Shetland de Sur y más concretamente sobre la Isla Decepción. Una noticia que valora, sin duda, el esfuerzo desarrollado por los distintos equipos de investigación en este territorio de incuestionable valor estratégico y medioambiental.

En este orden, el Instituto Andaluz de Geofísica de esta universidad ha venido aportando desde los años 90 importantes investigaciones con alto índice de impacto, acreditando una notable productividad científica, desarrollos metodológicos innovadores y estrechas colaboraciones internacionales. Y para ello no se ha desestimado la contribución de otras disciplinas distintas a las que se enmarcan en las actividades del instituto, incluidas las humanísticas.

Esta edición pertenece a esta cooperación entre diferentes ámbitos del conocimiento: la física y el arte, siempre tan cercanamente alejadas y nunca suficientemente juntadas. El lenguaje científico hace posible compartir la información y los descubrimientos sobre lo que este lugar extraordinario tiene que enseñarnos. Pero más allá de una expresión científica, ¿cómo se puede comenzar a hablar de lo indescriptible? Esta pregunta –que marca un punto de inflexión en el diálogo para buscar una respuesta y el método para lograrla, independientemente del campo de

DECEPTION ISLAND: A UNIQUE LABORATORY

In late 2014 we were very pleased to receive the results of a study showing that the University of Granada is the higher education institution with the greatest scientific output worldwide on the South Shetland Isles in the Antarctic, and specifically on Deception Island. The news highlights the value of the endeavours of the various different research teams active in this area of unquestionable strategic and environmental worth.

Since the 1990s the Andalusian Geophysics Institute of the University of Granada has been conducting major research studies with a high impact index that has accredited its outstanding scientific productivity, innovative methodologies and active international collaborations. The Institute has also benefited from the contributions of other disciplines beyond those of its specific remit, including the Humanities.

This book reflects exactly this type of cooperation between different spheres of knowledge: physics and art, traditionally so intimately distant and never sufficiently close. Scientific language makes it possible to share information and discoveries regarding what this extraordinary place has to show us. But beyond scientific expression, how might we begin to talk about the indescribable? This question – which offers something of a turning point in the form of a dialogue that seeks both to provide an answer and also to find a methodology, regardless of the specific field of knowledge concerned – triggered a

conocimiento– fue inicio de discusiones fructíferas con Domingo Campillo durante la campaña antártica del 2004-2005, marco cronológico de las fotografías de este trabajo, en la que participó como colaborador científico con nuestro equipo de investigación. En cualquier caso, concluíamos –hinchados ya de palabras– que fuera cual fuera el lenguaje de la incertidumbre que eligiéramos, artístico o científico, el resultado siempre dejaba latente y pendiente la siguiente pregunta por contestar.

En 2014 se cumplieron 20 años desde que el Instituto Andaluz de Geofísica comenzó a liderar proyectos de investigación financiados en la Isla Decepción. Es un motivo excelente, por tanto, para celebrarlo auspiciando este libro de trazos sobre un territorio que somete a un cuestionamiento permanente al individuo. Unos trazos hechos en imagen fotográfica que no son una configuración inerte e icónica de puntos en una página sino algo que tiene el poder de conmovernos, retarnos o cambiarnos. Y de eso, yo puedo dar fe.

Prof. Jesús M. Ibáñez Godoy
Catedrático de Física de la Tierra de la Universidad de Granada.
Investigador responsable de la campaña TOMO-DEC

series of fruitful discussions with Domingo Campillo, who accompanied us during the 2004–2005 Antarctic research expedition and whose photographs form the basis of this book. Eventually saturated by words, we came to agree that whatever the language of uncertainty we might choose, be it artistic or scientific, the outcome would always leave the next latent question pending an answer.

2014 marked the 20-year anniversary of the Andalusian Geophysics Institute's leading role in externally-funded research projects focusing on Deception Island. And what better way to celebrate than by means of this book that offers brief traces of a territory that submits us to endless questioning. These traces, in the form of photographic images, are not merely an inert, iconic configuration of dots on a page but rather something with the power to move, challenge or change us. And I can personally attest to that.

Dr. Jesús M. Ibáñez Godoy
Professor of Earth Physics, University of Granada
Lead Researcher, TOMO-DEC research project

POLÁRKA
DLOUHA

ÍNDICE

CONTENTS

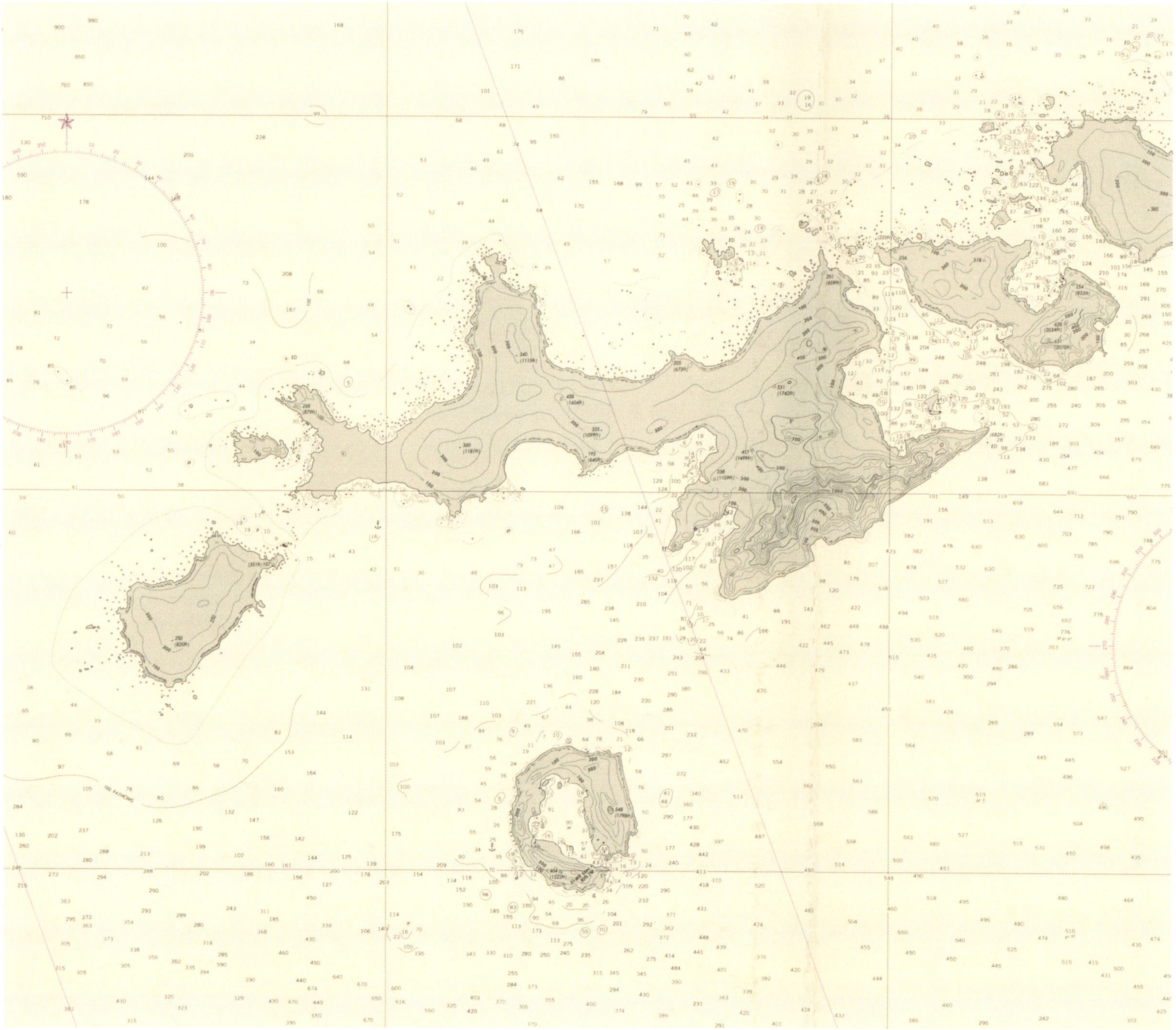

UN LUGAR INCONTABLE

Sin un contexto reconocible y sin poder situarnos, ¿qué sería de nosotros? Un mapa aclara y da definición a las cosas. Los mapas nos aportan un marco, límites, orden y dirección. Nos dan seguridad con sus hitos, distancias, medidas y demás puntos de referencia. Nos fiamos de ellos sobre todo por su naturaleza estable e inamovible, pues ordenan conocimientos científicos empíricos y documentan hechos espaciales: representan la realidad.

Pero también *crean* realidades. Activan la memoria. Despiertan nuestras creencias y nuestras percepciones subjetivas. Nos inspiran; los contornos y los datos de un mapa nos invitan a subir, entrar, explorar, descubrir... y nos proporcionan el dominio. Con el mapa en la mano, nos convertimos en dueños temporales de un territorio.

Pero los mapas geológicos y las cartas batimétricas de los lugares mostrados en estas fotografías, lejos de ofrecernos una invitación, lejos de hacernos sentir poderosos, imponen una advertencia de peligros invisibles, escalas inimaginables y profundidades desconocidas. Aquí, la cartografía no sirve para negociar con todo-lo-que-es, ni para relacionarse con ello. Las cifras que motean el mapa, en vez de simbolizar las alturas que, quizás, aspiremos a alcanzar, indican los principios de todo lo que no podemos saber, y eso es simplemente terrible.

En el fondo, un mapa de este lugar no es nada más que un intento a ordenar lo sublime.

A PLACE NOT FOR THE TELLING

With no recognizable context and unable to get our bearings, what would become of us? A map clarifies things and provides definition. Maps provide a framework, limits, order and direction. They give us security, with their milestones, distances, measurements and other such points of reference. We trust them, above all, thanks to their stable and immovable nature, as they order empirical scientific knowledge and document spatial facts: they represent reality.

But they also *create* realities. They activate our memory. Awaken our beliefs and subjective perceptions. Inspire us. The contours and data on a map invite us to climb, enter, explore, discover ... and in so doing, give us a sense of ownership. Map in hand, we become temporary proprietors of a territory.

But far from offering us an invitation, far from making us feel powerful, the geological maps and bathymetric charts of the places revealed in these photographs impose a warning of invisible dangers, unimaginable scales and unknown depths. Here, cartography is of no use for negotiating with all-that-is, or for relating to it. Rather than symbolizing the heights to which we perhaps aspire to climb, the numbers dotted around this map indicate the beginnings of all that we cannot know, and that is simply *terrible*.

In reality, a map of this place is nothing more than an attempt to organize the sublime.

En este encuentro entre el artista y el paisaje los mapas eran insuficientes. Sus sentidos insuficientes. La cámara insuficiente. Los verbos insuficientes. Todo era insuficiente frente a la infinidad de lo incognoscible y su violenta indiferencia.

Este lugar interrumpió completamente cualquier noción de familiaridad, e impidió el proceso de ordenación de la experiencia física. Y sin ordenación no puede haber conocimiento. En este reino nouménico, no hay ni resolución ni plenitud. Escuchando a Domingo intentar describir sus experiencias en la Isla Decepción y sus recuerdos de vistas arrebatadoras, entre asombro y sobrecogimiento, lo que más invadía su memoria hablada fue una desconcertante sensación de desolación, de pérdida y de angustia por todo lo que no pudo ser.

Una experiencia, a un tiempo, tan inigualable y tan imperfecta.

No nos olvidemos: éste es un lugar de energía sísmica –de fallas, fracturas, desplazamientos y tremores. De erupciones, subsidencia, deformación tectónica y anomalías magnéticas. Los físicos y vulcanólogos trabajan con lo extremo y oculto a diario, abordando las preguntas difíciles con una cognición objetiva y desprejuiciada. Y la gran labor de estos científicos consigue observar, medir y predecir –ordenar– estos fenómenos, a pesar de que la anchura y la profundidad de este espacio van más allá de lo que los ojos o incluso las ideas pueden concebir. Como todos los científicos a lo largo de los siglos, deben soportar

In this encounter between the artist and the landscape, maps were insufficient. His senses were insufficient. The camera was insufficient. Verbs were insufficient. Everything was insufficient in the face of the infinite unknowable and its violent indifference.

This place entirely interrupted any notion of familiarity and blocked the process of organization of physical experience. And without such order, there cannot be knowledge. In this noumenical realm, there is neither resolution nor plenitude. Listening to Domingo attempt to describe his experiences on Deception Island and his recollections of the breathtaking views, aside from recalling feeling astonished and overwhelmed, what most invaded his spoken memories was a disconcerting sense of desolation, loss and anguish at all that could not be.

Such a unique experience, yet so entirely imperfect.

Let us not forget: this is a place of seismic energy – of faults, fractures, displacements and tremors. Of eruptions, subsidence, tectonic deformation and magnetic anomalies. Physicists and volcanologists work with the extreme and the hidden every day, addressing the difficult questions with objective, unprejudiced cognition. And the great work of these scientists makes it possible to observe, measure and predict – organize – such phenomena, despite the fact that the breadth and depth of this space reach way beyond what the eyes or even ideas can conceive. Just like all scientists throughout

la tensión que provoca la búsqueda de los límites –los conocimientos– y el ser conscientes, al mismo tiempo, de que cada uno de ellos no es más que el umbral a la siguiente duda.

Como parte de ese impulso humano universal de querer desvelar lo inobservable, Domingo quiso memorizar, al captar estas imágenes, su posesión temporal de este lugar y tomar constancia de su presencia. Al fin y al cabo todos queremos dejar una marca y ser los autores de nuestras propias historias.

Pero no tenía modelos mentales con los que comprender esta vivencia: los límites de su percepción fueron anulados y sus recuerdos no pudieron abarcar algo tan inmenso. El desenlace de la historia, por lo tanto, le resultó inenarrable, y sus fotografías no pueden ser más que pequeños trazos de un tiempo breve y un espacio borroso. Trazos que son profundamente íntimos, imitando la bella e ilógica corriente subliminal de su sinestesia privada. Pues al final lo captado fue él, y las únicas huellas que quedaron fueron las del propio lugar.

Amanda Dale

the centuries, they must tolerate the tension triggered by searching for limits (knowledge), while knowing all along that each limit is nothing more than a threshold to the next doubt.

As a part of that universal human impulse to reveal the unobservable, by capturing these images Domingo sought to memorize his temporary possession of this place and gather proof of his presence there. Ultimately we all desire to leave a mark and be the authors of our own stories.

But he had no mental models with which to understand his lived experience: the limits of his perception were obliterated and his memories simply could not assimilate something so immense. The ending of the story was therefore not his to write, and his photographs cannot be anything more than minute traces of a brief, hazy moment in time and space – traces that are profoundly intimate, imitating the beautiful and illogical undercurrent of his private synaesthesia. Because in the end it was he who was captured, and the only marks that remained were those of the place itself.

Amanda Dale

EL PASO Y EL TIEMPO

> [...] el viaje –en el mundo y en el papel– es de por si un continuo preámbulo, un preludio de algo que está por venir y siempre a la vuelta de la esquina; partir, detenerse, volver atrás, describir en el cuaderno el paisaje que, mientras se atraviesa, huye, se disgrega y se recompone como una secuencia cinematográfica con sus fundidos y reajustes, o como un rostro que cambia con el paso del tiempo.
>
> Claudio Magris, *El infinito viajar.*

Es difícil ser coherente con la lógica binaria clásica si he de explicar aspectos y hechos relacionados con mi estancia en la Isla Decepción. Más bien debería atender a la lógica borrosa o difusa, que observa más variables de entrada y sugiere otras conclusiones distintas al 0/1, si/no, o verdadero/falso, resultados que amparan lo relativo y semoviente frente a lo inflexible o absoluto. Este aspecto se verifica, sobretodo, en la traslación verbal de la experiencia; la expresión lingüística procura las palabras más adecuadas para expresar el asunto de manera eficaz para hacerlo consuetudinario. Pero la Isla Decepción no permite concluir con una explicación precisa que dé cuenta de todo lo percibido sin que no sobrevuele la incertidumbre sobre la fiabilidad de la memoria.

Las semanas que siguieron a la vuelta fueron un reguero continuo de explicaciones en torno a lo que vi y fotografié. Cada descripción de las cosas y de los hechos mantenía el pulso encarnizado de la reciente experiencia pasada sin aparentes pérdidas de información ni de yuxtaposición de

THE PASSAGE AND TIME

> [...] the journey – in the world and on paper – is an on-going preamble in its own right, a prelude to something that is yet to come and is always just round the corner; leaving, pausing, going back, describing in the notebook the landscape that, while we pass through it, flees, breaks up and reassembles itself like a film sequence, with its fade-outs and fine-tunings, or like a face that changes with the passage of time.
>
> Claudio Magris, *Infinite Travelling.*

It is difficult for me to follow classical binary logic when attempting to explain certain aspects and events related to my time on Deception Island. Rather, I need to draw on fuzzy logic, which takes a greater number of input variables into account and points to outcomes other than 0/1, yes/no, true/false ... outcomes concerned with all that is relative and shifting, as opposed to inflexible or absolute. This trait can be seen, above all, in the verbalization of experience, in which linguistic expression identifies the most suitable words to successfully express something in everyday terms. But Deception Island does not permit any such precise explanations of all that is perceived there without glossing over the doubts that surround the reliability of one's memory.

The weeks that followed my return from the expedition were a constant stream of explanations about what I had seen and photographed there. Each description of things and events kept my embodied experience alive, without any apparent loss of information or of the juxtaposition of images. My

imágenes. Las palabras lograban establecer –fijar– una idea satisfactoria de aquel territorio, ilustradas por las fotografías que yo mostraba y que daban cuenta de las particularidades del paisaje y de mi paso por él. Pero lo que no podía expresar con absoluta exactitud era la dificultad que tuve para encontrar puntos de referencia que me permitieran un mínimo establecimiento temporal y espacial, fundamental para situarme en el lugar: por un lado, las horas de luz en el verano austral se extendían más allá de lo concebible para mí y, por otro, me inquietaba la posición geoespacial de este territorio, de tal forma que conocer la ley física de la gravitación y sus consecuencias no me permitía tranquilizar a la obstinada certitud –aún se mantiene– de estar cabeza abajo en relación con la posición normal que mantengo habitualmente en este hemisferio. Más que el frio, estas dos circunstancias marcaban de manera indeleble cualquier pensamiento y mi discurso.

En esos días todavía cercanos del retorno a casa, le propuse a Amanda Dale que recogiera en palabras el relato del viaje, de manera que al verbalizarlo y escribirlo quedara registrado, concediéndole carta de naturaleza a la narración. Progresivamente, el relato se fue convirtiendo en una sucesión de retazos desclavados de la memoria de los que fue tomando apuntes minuciosos, anotando recodos, giros, nieblas y brillos que quedaron registrados en su escritorio como en un cuaderno de bitácora, en donde queda inscrito todo lo memorable de una travesía para dejar su constancia.

spoken words successfully conveyed – fixed – an accurate enough idea of the territory, which I then illustrated with photographs that gave an account of some of the more distinctive features of the landscape and my journey through it. But what I was unable to express with absolute precision was the difficulty I had experienced in finding points of reference that would enable me to establish a minimal sense of time and space, both of which were essential for me to get my bearings. On the one hand, the summer daylight hours in the southern hemisphere lasted for longer than I could even conceive. On the other hand, I was uncomfortably aware of the geospatial position of this place. My knowledge of the physical laws of gravity and its consequences was not enough to temper the stubborn conviction – which I can still feel to this day – that I was upside down, compared to my normal position in this hemisphere. More than the sensation of cold, it was these two recollections that left an indelible mark on all of my thoughts and descriptions.

In the days that followed my return, I asked Amanda Dale to capture my account of the journey in written format so that, through the process of verbalizing and writing, the experience could be recorded and my narration somehow legitimized. Bit by bit, the account became a series of fragments recovered from my memory as Amanda made painstaking notes and took down every twist and turn, every highlight, every hazy recollection, recorded as if producing a log book of reminiscences taken from all that was memorable about the journey.

En una de esas explicaciones le decía:

> Había sitios que controlabas visualmente pero que no podías pisar físicamente. Eso no te lo dice nadie. Nunca había sentido ese tipo de imposibilidad de acceder a sitios como la sentí en este viaje. Por eso, aún no estoy seguro de si he tenido la experiencia. [...] Quería tocar, acercarme, ver con los pies. Porque si no lo has pisado, no es tuyo, no puedes apropiarte del sitio; no hay emoción, historia o memoria. Entonces, meter la mano en el Océano Antártico se convirtió en una ceremonia para mí, una especie de comunión.

Ella podía hacerse cargo de todo lo que yo nombraba de allí y de sus descripciones –supe argumentar más tarde– porque obtenía el beneficio de la imagen fotográfica que le mostraba y que, a modo de postal, ratificaba la estancia y la representación. Sin embargo, no encontraba patrones de referencia para manifestarle el asombro, las distancias o la amenaza de encontrarnos sobre la superficie de un volcán activo. Entonces, prefería el silencio o la espera de una respuesta.

Le dije:

> Empiezas a identificarte con los antiguos cuando pensaban que la tierra era plana. Una vez allí, cuesta trabajo entender que si sigues andando desde el Norte hacia el Sur, lejos de caer a un vacío incierto, al final acabas andando desde el Sur hacía el Norte... de alguna manera pensamos que la tierra siempre tiene el Norte 'arriba' y el Sur 'abajo'.

Y le pregunté al hilo:

> ¿Qué pasaría si a partir de ahora representásemos todo al revés? ¿Qué sensación te daría?

During one of my explanations, I recalled:

> There were places you could see but that you couldn´t physically reach. Nobody tells you that. I had never felt that kind of impossibility before, of not being able to access places, like I did on that journey. That´s why I´m still not sure whether I even had the experience. [...] I wanted to touch things, get up-close, see with my feet. Because if you´ve not walked across it, it´s not yours, you can´t take ownership of it; there's no emotion, no history or memory. So dipping my hand in the Antarctic Ocean became a kind of ceremony for me, a kind of communion.

It was only later that I realized she had been able to assimilate everything I had named from that place, all my descriptions, because she had the advantage of seeing the photographic images I was showing her, which, almost like postcards, corroborated my having been there and the re-presentation of my experience. However, I couldn´t find any pre-existing 'templates' to help me convey to her the awe I had felt, the distances, or the threat of standing on an active volcano. So I preferred silence or simply to wait for a response to come.

I reflected:

> You start to identify with the ancients, when they thought the Earth was flat. Once you're there, it´s hard to grasp that if you keep walking from North to South, rather than falling into a void, you will eventually end up walking from South to North ... somehow we seem to think that the Earth always has the North at the 'top' and the South at the 'bottom'.

And then I asked her:

> ¿What would happen if from now on we represented everything upside down? How would it make you feel?

Sin dudarlo me respondió:

No me fiaría de nada.

Probablemente, esta desconfianza se podría paliar mediante estrictas maniobras de reorientación, de forma que le permitieran resituarse dentro de la nueva representación y agenciarse del nuevo orden; técnicamente, y en términos absolutos, no supondría más que girar 180 grados toda representación cartográfica: con los nombres, paralelos, signos convencionales, o las leyendas. Pero la pregunta nos llevaba al encuentro en el mapa, no en el territorio ni en el trayecto, pues arrastraba, inconscientemente, la imposibilidad temporal de tomar la perspectiva que yo le proponía. Concluimos que esa pérdida de confianza era debida a una asunción del espacio y del tránsito con frecuencia de paso diferente entre emisor y oyente, es decir, a una reconstrucción de la imagen cartográfica desde perspectivas no sintónicas. Estas discusiones fueron las que provocaron mi cuestionamiento –desde la íntima percepción física– de la representación normativa del territorio y la relación que se establece con las prácticas de situación legitimadas. El viaje a la Isla Decepción constituyó un cruce de un limen personal; un paso fundacional y privado que estableció nuevos modos de acometer el trayecto para saber, controvirtiendo el estatuto de racionalidad de referencias acreditadas –espaciales y temporales, por tanto, culturales– y sus modos de establecimiento.

Without hesitation, she responded:

I wouldn´t trust a single thing.

This distrust could probably be eased simply by forcing her to make a series of mental manoeuvres to reorientate her way of seeing, so as to relocate herself in the new representation and assimilate the new order. Technically, in absolute terms, this would mean nothing more than turning the entire cartographic representation 180 degrees, with all of its names, circles of latitude, conventional signs, legends, and so on. But the question led us to make the map – not the territory, not the journey – the locus of our encounter as it brought with it, albeit unconsciously, the fact that the action of time made it impossible for Amanda to share the viewpoint I was proposing. We concluded that her loss of trust was due to an assumption about a space, and my movement through that space, that was conveyed in different frequencies between speaker and listener – in other words, a reconstruction of the cartographic image from perspectives that were entirely non-syntonic. It was these discussions that led me to question – from my innermost physical perception – the normative representation of the territory and its relationship to legitimized practices for establishing locations. My journey to Deception Island represented the crossing of a personal threshold, a private rite of passage that created new ways of undertaking the path toward knowing, turning upside-down the established laws of

Retomar la idea de desarrollar el proyecto *Trazos sobre un mapa breve*, después de 10 años de aquellos primeros apuntes, invitó al desembalaje de todo el archivo compilado: las imágenes, el título, los textos, y también lo que se dejó inadvertido y relegado. La revisión de las fotografías destapó un mar de acontecimientos que, cebados por reverberaciones y olvidos, volvieron a situar los lugares en la memoria y obligaron a volver a empezar a contar y a componer de nuevo el relato y la secuencia. Efectivamente, la imagen fija promueve la persistencia de lo registrado, pero con el paso del tiempo convocará un encuentro nuevo y distinto con aquello que se registró. También, leer las palabras dichas años atrás ha sido un ejercicio contradictorio. Cuando las pronuncié mostraban toda la potencia y la veracidad que pueden otorgar a lo que definen y describen. Sin embargo, hoy, aquí, no tengo el convencimiento de la exactitud de su signo. Pero eso no debería resultarme extraño, pues en su momento observé:

> [...] me cuesta recordarlo. Necesitaría ir otra vez para saber más. Pero tengo la certeza de que si volviera, lo que pretendiera volver a encontrar, no lo hallaría.

Al final, como en todo y como siempre, los recuerdos se muestran en un tiempo que es una amalgama de otros, donde las imágenes y las palabras se superponen y se interfieren mutuamente para configurar las cartografías privadas de cada uno en una aglomeración de tiempos simultáneos: el tiempo gastado en la experiencia,

rationality and its accredited reference points – spatial, temporal, and therefore cultural – and the processes by which these become embedded and normalized.

Ten years later, returning to the idea of developing *Trazos sobre un mapa breve* was an invitation to unpack all of my archive material: the images, the title, the texts, and also things I had overlooked or discarded. Going over the photographs unleashed a flood of past events that, re-lived and enriched by echoes of things remembered and things forgotten, relocated these places in my memory and forced me to start telling the story – and composing the sequence of events – all over again. For indeed the fixed image helps ensure that what we have seen abides with us, but over time it will call forth a new and different encounter with what we first witnessed. And reading the words I uttered so many years ago has also proven to be a contradictory experience. When I first expressed them they carried all the power and authenticity that words are capable of gifting the things they define and describe. Yet here, today, I´m not convinced of the accuracy of their meaning. I shouldn´t be surprised, for even at the time I observed:

> [...] it´s hard for me to recall it. I´d need to go again to know more. But I´m convinced that if I did go back, whatever I hoped to find again would no longer be there.

In the end, as with everything and as always, memories are revealed at a point in time that is an amalgam of other moments, where images and words become superimposed and interfere with one another to configure the private

el paso del tiempo desde entonces y, ahora, cuando las imágenes se miran sobre un papel, el tiempo que dura el paso de cada página y la permanencia en ellas.

El tiempo todo lo mueve. Todo se mueve y no hay forma de interrumpir el movimiento: efectivamente, nuestros paisajes huirán, y todo será ya mentira. Descriptivamente, una mentira líquida. O una verdad en otro lado.

Domingo Campillo García

cartographies of each one of us in an agglomeration of simultaneous times: the time lived in the experience; the time that has passed since then; and now, when we are looking at the images on paper, the time taken for the page to turn and how long they hold our gaze.

Time moves everything. Everything shifts, and there´s no way of halting that movement: our landscapes will indeed flee from us, and everything will become a lie. Descriptively, a liquid lie. Or a truth in another place.

Domingo Campillo García

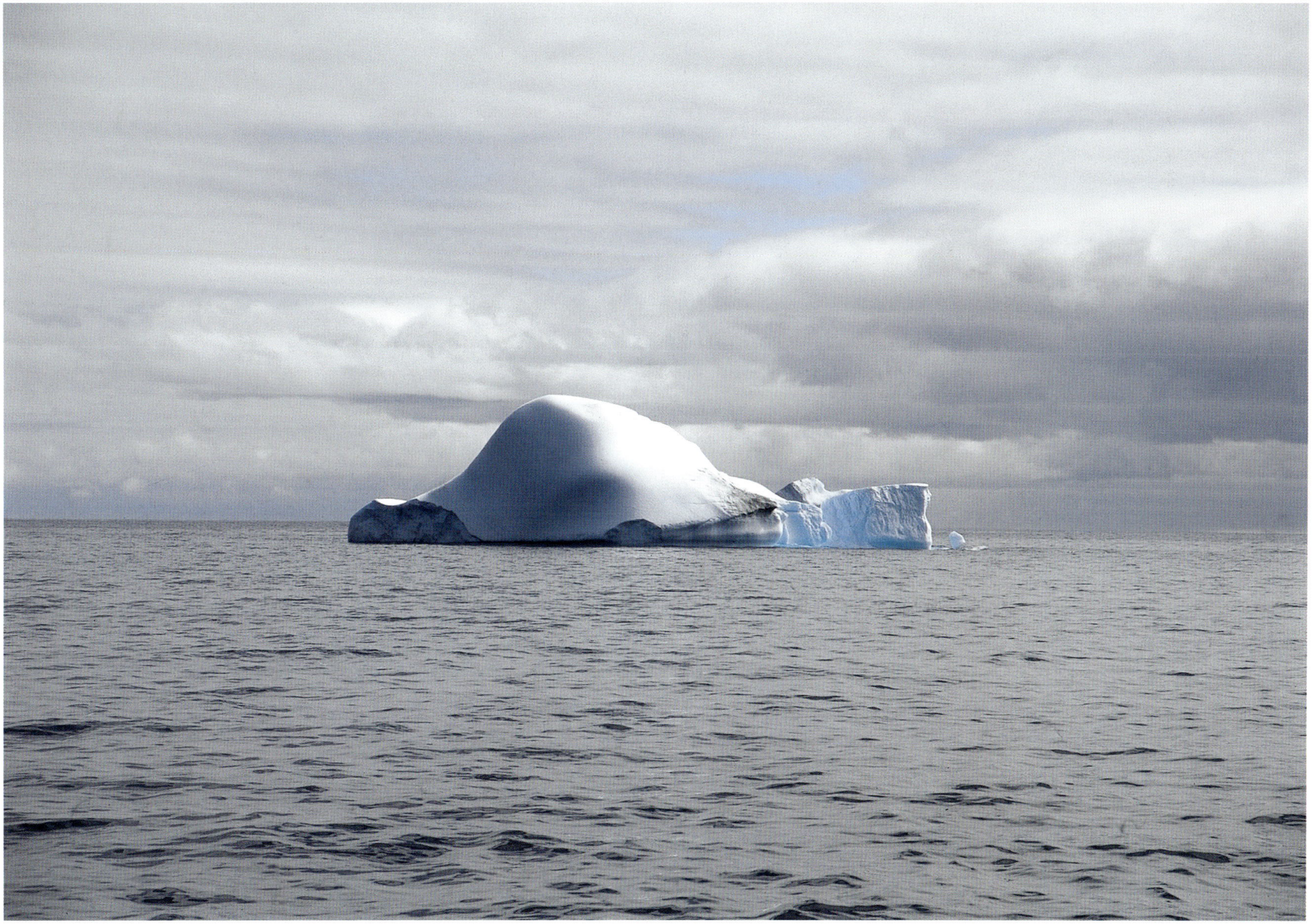

POST-IMÁGENES ANTÁRTICAS **SOBRE LA NATURALEZA CONSTRUIDA DE** LA NATURALEZA

Los pintores se vuelven melancólicos porque, queriendo ellos imitar, es necesario que retengan los fantasmas fijos en el intelecto, de modo que después lo expresen de la manera que primeramente los habían visto en presencia; y esto no sólo una vez, sino continuamente, siendo éste su ejercicio; por lo cual de tal modo mantienen la mente abstracta y separada de la materia, que consiguientemente les viene la melancolía, la cual sin embargo dice Aristóteles que significa ingenio y prudencia porque, como dice él mismo, casi todos los ingeniosos y prudentes han sido melancólicos.

Tratado de la nobleza de la pintura, Romano Alberti

Algo fantasmal y melancólico yace en la imagen de portada de *Trazos sobre un mapa breve* de Domingo Campillo. Las serendipias pictóricas casi táctiles de un agreste paisaje polar anticipan la voluntad maniáticamente escéptica y anti-positivista de una expedición deliberadamente desnortada en la que los *hic et nunc* de las primeras semanas de 2005 conjuran el destello olvidado del *agalma*[i]. Ciertas reflexiones y apuestas artísticas asociadas a la crítica cultural han anticipado esta preocupación clave de la producción de Campillo. La *naturaleza* y el *tiempo* han recibido una atención sin precedentes desde el mismo momento en que modelos de experiencia puestos en marcha por nuestra propia cultura, en su servicio a la maquinaria capitalista que la soporta, invaden y devastan a su paso parcelas de libertad del ser humano insustituibles. La pérdida de inocencia que esta situación ha desatado deja al descubierto el uso cultural e histórico, y el carácter

POST-IMAGES OF THE ANTARCTIC ON THE CONSTRUCTED NATURE OF NATURE

Painters become melancholics because, wishing to imitate, they must retain the phantasms fixed in the intellect, so that afterward they can express them in the way they first saw them when present; and, being their work, this occurs not only once, but continually. They keep their minds so much abstracted and separated from nature that consequently melancholy derives from it. Aristotle says, however, that this signifies genius and prudence, because almost all the ingenious and prudent have been melancholics.

Trattato della nobilitá della pittura, Romano Alberti

There is something quite eerie and melancholic about the cover image of *Trazos sobre un mapa breve* by Domingo Campillo. The pictorial serendipities of a wild polar landscape – you can almost touch them – hint at his manically sceptical and anti-positivist endeavours on a willingly disorientated expedition in which the *hic et nunc* of the first few weeks of 2005 invoke the long-forgotten sparkle of the *agalma*[i]. Certain artistic reflections and postures associated with cultural criticism have preceded this key concern of Campillo's work. *Nature* and *time* have been the subject of unprecedented attention ever since the models of experience activated by our very culture – in the service of the capitalist machinery that sustains it – started to invade and then destroy entire areas of human freedom that are irreplaceable. The loss of innocence brought about by this scenario reveals the cultural and historical use, and the conventional and constructed nature, of these objects of attention. It is against this backdrop that Campillo's mnemonic syntaxes – always provisional – shine most brightly.

convencional y construido de esos objetos de atención. Es contra este escenario en dónde las sintaxis mnemónicas, siempre provisionales, de Campillo brillan con más fuerza.

En lo que sigue dejaré que actúe la lógica del contraste, de forma que la homogeneidad con la que nuestra cultura ha promocionado la *experiencia del paisaje*, y que será objeto de interés principal de este texto, deje a la vista el carácter dinámico y vivo de los trazos de Campillo. Para enmarcar la experiencia del paisaje como una cuestión mediada por intereses capitalistas y estrategias de poder me apoyaré en las reflexiones recientes de Jonathan Crary en torno a la pérdida de autonomía del sujeto moderno, y en los estímulos críticos que suscitan las revisiones científicas y culturales de la exploración plástica de Olafur Eliasson en torno a la naturaleza. La preocupación por el carácter manipulado de la experiencia en las reflexiones de Crary y Eliasson es continua con la prevalencia de la temporalidad que la crítica de arte reciente identifica con el intento de superación a partir de los años sesenta del carácter absoluto de la obra-mercancía del alto modernismo. Desde los postulados de los modos de producción y apreciación vinculados a la idea de temporalidad y que aquí revisaremos a partir de las reflexiones de Michael Fried, Douglas Crimp o David Joselit, trataré de perfilar el panorama en el que las desdibujadas coordenadas espacio-temporales del juego de Campillo se despliegan. Ese panorama permitirá finalmente confirmar la experiencia del paisaje en occidente como un producto oportunamente comercializado desde presupuestos filosóficos o estéticos idealistas que han limitado aspectos claves de la relación del hombre con la naturaleza.

In this piece I will allow the logic of contrast to operate freely, so that the homogeneity with which our culture has promoted *the landscape experience* (and that will be the main focus of this text) may serve to highlight the dynamic and lived nature of Campillo's *trazos* (traces). To frame our experience of landscape as a phenomenon mediated by capitalist interests and power-based strategies, I will draw on the recent reflections of Jonathan Crary around the loss of autonomy of the modern subject, and on the critically stimulating scientific and cultural examination undertaken by Olafur Eliasson in his artistic exploration of nature. The concern for the manipulated nature of experience, expressed in Crary and Eliasson's reflections, comes at the same time as the prevalence of temporality, which recent art criticism has identified with the attempt to overcome – since the 1960s – the absolute character of art-as-merchandise associated with high modernism. Starting from hypotheses on the modes of production and appreciation linked to the idea of temporality that we will consider here in light of the deliberations of Michael Fried, Douglas Crimp or David Joselit, I will attempt to give a sense of the panorama in which the blurry space-and-time coordinates of Campillo's work unfold. This panorama will ultimately enable us to confirm our Western experience of landscape as a product that has been very conveniently commercialized on the basis of aesthetic-idealist philosophical notions that have limited certain fundamental aspects of the relationship between man and nature.

Permítaseme, como preámbulo de la reflexión anunciada, proponer un juego de analogías inicial entre *Solaris* (1972)[ii] una película considerada obra maestra del realizador ruso Andrei Tarkovski, y las experiencias que intervienen en la estructura tanto profunda como superficial de *Trazos sobre un mapa breve*. La película de Tarkovski se desarrolla en torno a la expedición que un grupo de científicos realizan a un planeta llamado Solaris. La pérdida de coordenadas espacio-temporales en un contexto físico inalterable, continuo y artificial parece haber obliterado toda ocasión de interacción humana entre los tripulantes. En estas condiciones, traumáticas apariciones corporales de personas del pasado se convierten en la única y sin duda inquietante compensación afectiva posible. No obstante, contra estas siniestras apariciones se sitúan imágenes, pinturas, retratos de una relación íntima entre las actividades cotidianas del hombre y la naturaleza. Si bien, los paisajes de Brueghel el Viejo en la biblioteca de la estación espacial (Figs. 1-3, 6-7), más que el reconforto de una forma de vida afín a los ciclos y ritmos de la naturaleza en la tierra, suponen la sentencia definitiva de su condición olvidada. Y ésta es una condición para estas pinturas que, más allá del relato de Tarkovski, se sitúa en el propio andamiaje de nuestra cultura. En su definición de ámbitos de experiencia autónomos para la apreciación (estética) de la pintura y del paisaje, nuestra tradición ilustrada rompió con la relación temporal, cíclica, y práctica en la que Brueghel se recrea. A partir de la asociación del paisaje a *sentimientos* inventada *ad hoc* desde una sensibilidad estético-filosófica, la experiencia de la naturaleza sube a la cadena de montaje de un consumo programado que sólo modos de resistencia y especulación como los que Campillo explora prometen superar.

By way of a preamble, if I may, I would like to propose an initial playful analogy between *Solaris* (1972)[ii], a film considered to be a masterpiece of director Andrei Tarkovsky, and the experiences that feature in the profound-yet-superficial structure of *Trazos sobre un mapa breve*. Tarkovsky's film is concerned with a space mission undertaken by a group of scientists to a planet called Solaris. We see how the loss of space–time coordinates in a physical environment that is unchangeable, on-going and artificial appears to eradicate any chance of human interaction between crew members. Under such conditions, traumatic bodily apparitions of people from the past become the only possible affective reward, disturbing as they undoubtedly are. However, set against these sinister apparitions we see images, paintings and portraits of an intimate relationship in and among the everyday working activities of man and nature. Yet rather than conveying a comforting glimpse of a way of life in tune with the cycles and rhythms of nature on earth, the landscapes of Brueghel the Elder in the space station library (Figs. 1-3, 6-7) only serve to seal the forgottenness of that way of life. And this forgotten state, above and beyond Tarkovsky's story, is located within the very underpinnings of our culture. In defining autonomous spheres of experience for the (aesthetic) appreciation of painting and landscape, our enlightened tradition broke away from the practical relationship between man, time and its cycles that Brueghel so delighted in. On the basis of the *ad hoc* invention of an association between landscape and feelings that emerged from an aesthetic–philosophical sensibility, our experience of nature becomes part of an assembly line of programmed consumption that only those forms of resistance and speculation such as those explored by Campillo might just manage to overcome.

Figura 1. Pieter Brueghel el Viejo, *La cosecha*, óleo sobre tabla, 1565.

Figure 1. Pieter Brueghel the Elder, *The Harvesters*, Oil on wood panel, 1565.

Figura 2. Pieter Brueghel el Viejo, *Los cazadores en la nieve*, óleo sobre tabla, 1565.

Figure 2. Pieter Brueghel the Elder, *The Hunters in the Snow*, Oil on wood panel, 1565.

El proyecto de Campillo asume la inoperatividad de recuperar modos de experiencia pre-modernos pero a la vez se resiste a dar por supuesta la idea de que la percepción y el conocimiento tengan que producirse dentro de los límites de interfaz que marcan las tecnologías del momento. Las ínfimas tramas en que organiza sus imágenes, rompen la rigidez lineal de la lógica temporal con la que nuestra experiencia es organizada habitualmente. En sus archivos de memoria el tiempo cronológico ha dejado de ser una condición taxonómica y se ha convertido en una casualidad abierta y prometedora. De forma parecida, el espacio ha dejado de estar sujeto a una travesía cuantificable para plegarse sobre si mismo hasta la desaparición del trazo o para desplegarse en todas direcciones hasta la extenuación de la visualidad más absoluta. Este aspecto dinámico y *en construcción* de las experiencias convocadas por Campillo actúan contra la erradicación de temporalidades alternativas que el imperialismo capitalista del *abierto 24 horas*, analizado por Jonathan Crary en *24/7*[iii] conlleva. Un mundo abierto 24 horas, 7 días a la semana, no es sino la definitiva instauración de un ideal de homogeneidad al servicio de intereses políticos y capitalistas que arrasa la posibilidad del disentimiento y rechaza todo reducto de autonomía que aún resista la fuerza de ese ideal. Para Crary, "24/7 menoscaba distinciones estables entre el día y la noche, entre la luz y la oscuridad, entre la acción y el reposo"[iv]. Unas distinciones que pre-existen a la lógica de identidad dualista en que se ha apoyado toda una red de privilegios para las clases dominantes occidentales, ya que actúan desde necesidades biológicas del ser humano y desde la ingeniería misma de la naturaleza. Porque la homogeneidad de un mundo 24/7 nada tiene

Behind Campillo's work lies an acceptance that it is pointless trying to go back to pre-modern modes of experience. But, at the same time, he refuses to take for granted the notion that perception and knowledge should operate within the interface limits set by the technologies of the moment. The almost imperceptible interweaving with which he organizes his images breaks the linear rigidity of the temporal logic we habitually use to organize our experience. In the archive of his memories, chronological time is no longer a taxonomical condition and has instead become an open and alluring happenstance. Similarly, space is no longer reduced to a quantifiable journey across it, but rather folds in on itself until all traces eventually disappear, or unfolds in all directions until the eyes can take in no more. This dynamic *'under construction'* aspect of the experiences evoked by Campillo is an act of defiance against the eradication of alternative temporalities – an eradication that accompanies the capitalist imperialism of *open 24 hours*, as analysed by Jonathan Crary in 24/7[iii]. A world that is open 24 hours a day, seven days a week, is nothing more than the definitive establishment of an ideal based on homogeneity at the service of political and capitalist interests that destroys any possibility of dissent and rejects any last bastion of autonomy that still pushes against that ideal. For Crary, "24/7 steadily undermines distinctions between day and night, between light and dark, and between action and repose"[iv]. Such distinctions pre-existed the dualist identity of logic that an entire network of privileges for Western dominant classes has relied on, as they act from the biological needs of human beings and from the very workings of nature. For the homogeneity of a 24/7 world has nothing in common with the pre-modern

en común ya con la *mismidad* pre-moderna a la que Michel Foucault opone la lógica que instaura el Renacimiento[v]. La *mismidad* pre-moderna, una forma de experiencia y conocimiento del mundo inscrita en una relación integrada del hombre con la naturaleza es oportunamente relegada por una lógica sígnica que antepone esquemas de pensamiento y especulación conceptual a formas de experimentación compleja en las que el conocimiento es también una cuestión corporal. Las lógicas especulativas que implanta la modernidad han generado metodologías de investigación contrastables y han servido a aquellos objetivos de insaciable productividad y consumo ilimitado en los que la temporalidad deviene una condición absoluta e infranqueable. La vida humana, en palabras de Crary, es inscrita en "una duración sin descansos"[vi] que anula cualquier posibilidad de plan, proyecto, o progreso, contraviniendo una máxima principal del motor de la modernidad.

Una de las posibles críticas achacables a la reflexión de Crary es que, pese al lúcido diagnóstico que establece, su análisis no consigue escabullirse de un tono pesimista y marcadamente nostálgico. Revisiones de esa situación, que son sin duda afines a la práctica artística que aquí plantea Campillo, como la que Olafur Eliasson ha desarrollado en los últimos años permiten intuir la instauración real de ámbitos de resistencia. De hecho, donde Crary deja algo inexplorada la posibilidad de plantear formas de experiencia o conocimiento del mundo que desafíen la monotonía gris de las temporalidades tardo-capitalistas, el artista danés Olafur Eliasson pone su producción artística al servicio de un restablecimiento del tiempo como elemento constitutivo de nuestras experiencias del entorno y de sus objetos. En *Vibraciones*, una sólida reflexión sobre los intereses que mueven su trabajo y sobre

sameness that Michel Foucault sets in direct contrast to the logic established by the Renaissance[v]. Pre-modern *sameness*, a type of experience and knowledge of the world embodied within an integral relationship between man and nature, is conveniently relegated in favour of a sign-based logic that puts frameworks of thinking and conceptual speculation ahead of complex forms of experience in which knowledge is also a bodily matter. The speculative logics implanted by modernity have generated verifiable research methodologies and served the purposes of those objectives of insatiable productivity and unlimited consumption in which temporality becomes an absolute and inviolable condition. Human life, in the words of Crary, is forced into a "duration without breaks"[vi] that obliterates any chance of achieving plans, projects or progress, contravening a core maxim of the driving force behind modernity.

One of the possible criticisms that might be levelled at Crary's view is that, despite his lucid diagnosis, his analysis fails to avoid a pessimistic and distinctly nostalgic tone. Studies on the issue of temporality, which are unquestionably in tune with the artistic practice Campillo presents to us here (such as the more recent work of Olafur Eliasson) enable us to sense that spheres of resistance are genuinely starting to be established. Indeed where Crary leaves relatively unexplored the possibility of contemplating forms of experiencing or knowing the world that defy the grey monotony of the temporalities of late capitalism, Olafur Eliasson aims his artistic output at calling for time to be re-established as a constituent element of our experience of the space we occupy and everything in it. In *Vibrations*, a robust reflection on the interests that drive his work and on the painstaking methodology he applies,

Figura 3. Pieter Brueghel el Viejo, *Día triste*, óleo sobre tabla, 1565.

Figure 3. Pieter Brueghel the Elder, *Sad Day*, Oil on wood panel, 1565.

la minuciosa metodología que aplica, Eliasson se enfrenta al reto de describir la obra de arte y de su experimentación como un proceso temporal y relativo desde fases iniciales de gestación de ideas hasta aquellos estadios en los que aparecen negociaciones de experiencia alejados ya de esos ámbitos de gestación inicial. Lo que Eliasson ofrece, como declara, son una serie de "principios esquemáticos que pueden funcionar para ilustrar la idea general de que la experiencia es una construcción cultural" [vii]. Así, en su incansable empeño por "replantear lo que para algunas personas son espacios naturales, verdaderos y no negociables" [viii], tiempo y espacio no son más que entidades negociables y re-negociables culturalmente.

En estrecha relación con los planteamientos de Eliasson está la anti-esencialista renuncia de *Trazos sobre un mapa breve* de sacralizar noción originaria alguna de la experiencia polar de su autor. Antes bien asume la imagen fotográfica como una especie de ocasión afectiva siempre comprometida con un complejo coyuntural que la dota de sentido. Es esta naturaleza convencional la que demanda, además, enmarcar el proyecto de Campillo y su interés en la experiencia y el tiempo a partir de una de las preocupaciones más persistentes desde que nuestro concepto de arte moderno es declarado en crisis a partir de finales de los años sesenta. Fue Michael Fried quien por aquella época introdujera, dentro de su aproximación al minimal –al *literalismo*– desde el concepto de *teatralidad*, la cuestión del *tiempo* como uno de los aspectos clave para entender lo que para él no dejaba de ser sino una evolución decadente de los logros modernistas[ix]. Su diagnóstico crítico ha sido reeditado y reevaluado durante las últimas décadas en numerosas ocasiones, dejando siempre, más allá de los enunciados concretos que han

Eliasson faces the challenge of describing the work of art and how it is experienced as a relative, time-based process that stretches from the various early stages of idea-generation to those later phases in which negotiations start to be made about the doubts that surround the experience, now so far removed from those initial steps. What Eliasson offers us, as he himself states, is a series of "schematic principles that may function as illustrations of the overall idea that experiencing is a cultural construction" [vii]. Hence, in his relentless endeavour to "negotiate with what some people consider to be natural, truthful, and non-negotiable spaces," [viii] time and space are nothing more than culturally negotiable, and re-negotiable, entities.

Closely linked to Eliasson's perspective is the anti-essentialist refusal of *Trazos sobre un mapa breve* to glorify any pre-cultural notion of the author's polar experience. Rather, Campillo understands the photographic image to be a kind of moment of affect that is always allied to a circumstantial realm that gives it meaning. What is more, it is this conventional nature that demands we frame Campillo's work and his interest in experience and time within one of the most enduring concerns to have emerged since our concept of modern art was declared to be in a state of crisis toward the end of the 1960s. It was Michael Fried, in his approach to minimalism – *literalism* – based the concept of *theatricality*, who introduced the notion of *time* as one of the key aspects in understanding what, to him, was nothing less than a decadent evolution of modernist[ix] achievement. His critical diagnosis has been re-edited and re-assessed countless times over the last few decades, and – beyond the specific propositions that have sought to resolve the issue – has always demonstrated the continuing importance of temporality in artistic endeavours. Some 14 years

tratado de resolver la cuestión, evidencia de la importancia que la temporalidad ha mantenido para el quehacer artístico. Según planteara Douglas Crimp catorce años después "la temporalidad, aún implícita en la forma en la que se experimentaba la escultura minimalista, se hizo completamente explícita –de hecho, como la única forma de experiencia posible– en buena parte del arte posterior"[x]. Esa inclusión del tiempo hizo del arte, según Crimp, algo eminentemente performativo, integrando experiencias de las que tanto artistas como espectadores participaban en situaciones con una durabilidad determinada.

La experiencia de la imagen deja de estar gobernada por una lógica de significación intrínseca y auto-conclusiva y se extiende tanto temporal como espacialmente, cuestionando la homogeneidad y solidez programada de la imagen-mercancía moderna. En este sentido, no es nada trivial que Campillo haya sorteado en un primer momento el predecible mecanismo de exhibición del arte moderno, echando mano del despliegue secuenciado –temporal, activo, abierto y no-conclusivo– del álbum fotográfico para dar formato a la muestra más amplia hasta el momento de sus memorias antárticas. En uno de los trabajos previos vinculados a esas mismas memorias, Campillo ya trataba de escabullir su tributo al formato heredado del alto modernismo, produciendo una serie de postales titulada *"No postcards here"* (Figs. 4 y 5) que, como el álbum de fotos de esta ocasión, re-elabora en clave crítica uno de los productos vinculados a la fotografía más rentables de las estrategias capitalistas de reificación moderna del paisaje y la naturaleza.

after Fried, Douglas Crimp proposed that "if temporality was implicit in the way minimal sculpture was experienced, then it would be made thoroughly explicit – in fact the only possible manner of experience – for much of the art that followed"[x]. Including time in this way, according to Crimp, made art something eminently performative, integrating experiences in which both artists and spectators participate in situations with a specific lifespan.

The experience of the image is no longer governed by a self-concluding logic of intrinsic meaning but rather extends across both time and space, questioning the homogeneity and programmed solidity of the modern image-as-merchandise. In this regard, it is of no small importance that, from the outset, Campillo chose to avoid the predictable mechanism of modern art exhibition, which would have meant resorting to the sequenced layout of the photograph album (time-based, active, open and inconclusive) to give shape to this presentation of his Antarctic memories – his most extensive to date. In one of his previous works related to these same memories, Campillo endeavoured to break away from paying homage to the inherited format of high modernism, producing a series of postcards entitled *'No Postcards Here'* (Figs. 4 and 5) which, much like the album of photographs we have here, critically alludes to one of the most profitable photography-related products of all capitalist strategies: the modern reification of landscape and nature.

Figura 4. Domingo Campillo, *No postcards here #11*. 2010.

Figure 4. Domingo Campillo, *No postcards here #11*. 2010.

Figura 5. Domingo Campillo, *No postcards here #41*. 2010.

Figure 5. Domingo Campillo, *No postcards here #41*. 2010.

Tras un descanso, volvimos al carril para carruajes por el mismo sendero, y pronto llegamos a lo que William llama un camino de gravilla amplio, desde el que disponíamos de distintas vistas de la cascada Linn. Nos sentamos en un banco colocado expresamente para la contemplación de una de estas vistas y, desde allí, observamos la cascada, el campo abierto y un interesante objeto, una torre en ruinas no muy lejos de la cascada llamada la torre de Wallace. A donde estábamos llegaron una señora y un caballero que eran sin duda turistas más diligentes que nosotros. Nos dejaron allí sentados y los volvimos a encontrar en otra estación sobre la cascada. Coleridge, siempre dispuesto a entablar conversación con cualquiera que se cruce, empezó a hablar con el caballero, que declaró que se trataba de una cascada *majestuosa*. A Coleridge le complació la precisión del epíteto, particularmente porque había estado intentando ordenar en su mente el significado de las palabras grande, majestuoso, sublime, etc., y había discutido largo y tendido el asunto con William el día anterior. "Sí, señor", dice Coleridge, "es una cascada majestuosa". A lo que replicó su acompañante, "Sublime y bella". El pobre Coleridge se quedó sin respuesta y, negándose a continuar la conversación, vino hasta nosotros y, riendo a carcajadas, nos relató la historia.

Recollections of a tour made to Scotland,
Dorothy Wordsworth, 1803

En la obra de Campillo la experiencia del entonces, del ayer y del ahora, está vinculada a un juego deliberado de re-dimensionado continuo, asumiendo los modos actuales de post-producción de la imagen como una herramienta útil de creatividad crítica. Las estrategias revisionistas, que desenconaron el agotamiento del arte moderno y desataron las reflexiones de Fried o Crimp, siguen siendo enormemente productivas hoy día. En *After Art* [xi], una reflexión de David Joselit en torno al estatuto actual del arte en una economía global liberal de imágenes y valores, ejercicios de re-dimensionado

After having stayed some time, we returned by the same footpath into the main carriage-road, and soon came upon what William calls an ell-wide gravel walk, from which we had different views of the Linn. We sat upon a bench, placed for the sake of one of these views, whence we looked down upon the waterfall, and over the open country, and saw a ruined tower, called Wallace's Tower, which stands at a very little distance from the fall, and is an interesting object. A lady and gentleman, more expeditious tourists than ourselves, came to the spot; they left us at the seat, and we found them again at another station above the Falls. Coleridge, who is always good-natured enough to enter into conversation with anybody whom he meets in his way, began to talk with the gentleman, who observed that it was a *majestic* waterfall. Coleridge was delighted with the accuracy of the epithet, particularly as he had been settling in his own mind the precise meaning of the words grand, majestic, sublime, etc., and had discussed the subject with William at some length the day before. 'Yes, sir,' says Coleridge, 'it is a majestic waterfall.' 'Sublime and beautiful,' replied his friend. Poor Coleridge could make no answer, and, not very desirous to continue the conversation, came to us and related the story, laughing heartily.

Recollections of a tour made to Scotland,
Dorothy Wordsworth, 1803

In Campillo's work the experience of then, of yesterday and of now is linked to a carefully considered process of continual up-scaling and down-scaling, using current image post-production practices as a useful tool for critical creativity. Revisionist strategies, which successfully liberated modern art from its sense of impoverishment and unleashed the reflections of Fried and Crimp, are still enormously productive even today. In *After Art* [xi], David Joselit's reflection on the current positioning of art in a liberal global economy of images and values, exercises in re-scaling such as those proposed by Campillo involve new meaning-making around our temporal and spatial

como los propuestos por Campillo implican re-significaciones de experiencia temporal y espacial. Un ejemplo paradigmático escogido por Joselit está extraído de la produ-cción de quien es reconocida a día de hoy como la artista que de forma más directa ha explorado las posibilidades estéticas del apropiacionismo, Sherrie Levine. En *Postcard Collage #4, 1-24* (2000), ejemplo escogido por Joselit, Levine instala a partir de un esquema reticular en cuadrícula 24 postales idénticas enmarcadas con paspartú en formato estándar de 16 por 20 pulgadas (40.6 x 50.8 cm). Para Joselit la obra adquiere sentido en el despliegue de significaciones y de experiencias distintas que el conjunto reticular implica, suponiendo el visionado de cada nueva imagen colgada sobre la pared una reformulación temporal y espacial también nueva[xii]. Se trata de una paradójica, y quizás cruel, demanda para un espectador cómodo si tenemos en cuenta que la fotografía, el centro de interés predecible, pierde interés *como tal* una vez se ha visto la primera. Lo interesante en este caso es que la propuesta misma está indicando al visitante que nada de lo que implica es predecible desde los manidos hábitos del espectador moderno, y que las formas de atención y percepción aprendidas pueden ser substituidas por infinitos modos de experiencia alternativos.

Para los intereses de este texto es destacable además el hecho de que la imagen que la obra mencionada de Levine repite una y otra vez es el típico paisaje marino de olas rompiendo contra una playa rocosa. El valor de cambio de este tipo de paisajes o de imágenes de postal es diametralmente opuesto a la rentabilidad que ha supuesto para nuestra cultura su asociación romántica a determinadas categorías o valores sensitivos, sentimentales

experience. One paradigmatic example chosen by Joselit is taken from the work of the artist currently recognized as having produced the most direct exploration of the aesthetic possibilities of appropriation, namely Sherrie Levine. In *Postcard Collage #4, 1–24* (2000), the example chosen by Joselit, Levine creates an installation based on a square grid pattern featuring 24 identical postcards framed in a standard 16x20 inch mount. To Joselit, the work makes sense via the range of different meanings and experiences implied by the grid-like display, our viewing of each new image hung on the wall bringing with it a temporal and spatial reformulation that, also, is new[xii]. This demand on the comfortable spectator is paradoxical and perhaps even cruel if we take into account the fact that the photograph – the predictable focus of attention – ceases to be of interest in and of itself once it has been seen for the first time. What is interesting in this scenario is that the approach itself is showing the visitor that there is nothing about it that is predictable from the perspective of the outworn habits of the modern spectator, and that our learned ways of perceiving and paying attention can be replaced by infinite alternative means of experiencing.

In the interests of this text, of particular note is the fact that the image repeated over and over again in Levine's piece is that of the typical seascape of waves crashing over a rocky beach. The scant market value of this type of landscape or postcard image is diametrically opposed to the cultural success, in Western societies, of its romantic association with certain sensual, sentimental and aesthetic categories or values. The invention of the 'romantic landscape' as an art-form in the 18th and 19th Centuries and its aesthetic association with feelings granted it a privileged status, but

Figura 6. Pieter Brueghel el Viejo, *La cosecha de heno*, óleo sobre tabla, 1565.

Figure 6. Pieter Brueghel the Elder, *The Hay Harvest*, Oil on wood panel, 1565.

Figura 7. Pieter Brueghel el Viejo, *La vuelta de la manada*, óleo sobre tabla, 1565.

Figure 7. Pieter Brueghel the Elder, *The Return of the Herd*, Oil on wood panel, 1565.

y estéticos. La invención del "paisaje romántico" como forma de arte y su asociación estética a sentimientos marcan durante los siglos XVIII y XIX su estatus privilegiado, pero al tiempo dan cuenta de su propia decadencia. Hasta entonces la pintura de paisaje mantenía una conexión con esferas de vida práctica del ser humano que fue destruida por la propia idea de progreso tras la institucionalización de la práctica del Arte y la reflexión en torno a él. Sirvan como muestra de esa conexión perdida en los albores de la modernidad las palabras en que Leon Battista Alberti en *Los diez libros de arquitectura* asocia la contemplación de paisajes, pintados o no, a una función terapéutica:

> ...Se alegra nuestro espíritu sobremanera con la contemplación de cuadros en los que se representa la deliciosa campiña, los puertos, la pesca, la caza, la natación, los juegos pastoriles: flores y verdor [...] Los que padecen fiebre obtienen gran alivio de la contemplación de fuentes, ríos y arroyos pintados, hecho que está en la mano de cualquiera comprobar; pues si por casualidad está una noche en la cama y no puede dormir, no tiene más que representarse en la imaginación las aguas y fuentes límpidas que en alguna ocasión haya visto, o un lago quizás, y su sensación de sequedad se esfumará al instante y el sueño vendrá a él dulce y profundo...[xiii]

Es casi imposible leer las reflexiones de Alberti y no acudir a aquellos paisajes de campiña plagados de escenas con los que Pieter Brueghel el Viejo respondía a la necesidad de reconforto o cura de la burguesía urbanita del siglo XV. Brueghel instanciaba en la contemplación de sus imágenes una relación doméstica, íntima, y cómplice, que desborda sin duda los paradigmas en los que se apoyaría posteriormente la contemplación del arte, y del paisaje. Como he planteado líneas más arriba, con la persecución que en pos de la luces se llevó a cabo contra la superstición

at the same time contributed to its very downfall. Up until that point, landscape painting had maintained a link with practical spheres of human life, a life that was destroyed by the very idea of progress following the institutionalization of the practice of Art and critical reflections on it. We only have to look at the words of Leon Battista Alberti in *Ten Books on Architecture* for an example of that connection lost in the dawn of modernity. In his work Alberti associates the contemplation of landscapes, whether painted or otherwise, with a therapeutic function:

> ... Our minds are delighted in a particular manner with the pictures of pleasant landscapes, of havens, of fishing, hunting, swimming, country sports, of flowery fields and thick groves. [...] Such as are tormented with a fever are not a little refreshed by the sight of pictures of springs, cascades and streams of water, which any one may easily experience; for if at any time you find it difficult to compose yourself to rest in the night, only turn your imagination upon such clear waters as you can remember any where to have seen, either of springs, lakes or streams, and that burning drought of the mind, which kept you waking, shall presently be moistened, and a pleasant forgetfulness shall creep upon you, till you fall into a fine sleep. [xiii]

It is virtually impossible to read Alberti's reflections and not think of those rural landscapes replete with the kind of scenes Brueghel the Elder employed to respond to the need to comfort or cure the city-dwelling bourgeoisie of the 15th Century. Brueghel urged those contemplating his images to engage in a domestic, intimate and knowing relationship with his work that undoubtedly sits outside the paradigms on which later approaches to art and landscape would rely. As I have suggested, thanks to the persecution against superstition or enthusiasm[xiv] that was carried out in the quest for enlightenment, the ways of relating to the image of the landscape conjured by Brueghel and

o el entusiasmo[xiv], las formas de relación con la imagen del paisaje conjurada por Brueghel y que el texto de Alberti constata perdieron valor. Su lugar sería ocupado, una vez configurada nuestra idea de Arte y definidas desde la Estética las nuevas formas de apreciación del mismo, por modelos de percepción distanciados en los que la *aisthesis* fue sometida a un proceso de purificación desinteresada que ha perdurado hasta nuestros días.

En *Pintores modernos* (1843) John Ruskin se preguntaba qué pensaría una persona no familiarizada con el arte de la presencia que el paisaje había llegado a tener en la pintura de su época. "¡Algo extraño habita en la mente de estas gentes modernas!" sería según Ruskin la inmediata reflexión de este hombre llano[xv]. Y es que ningún periodo histórico anterior al romanticismo había manifestado tanto interés estético por la contemplación del paisaje. Para Ruskin, y para las sensibilidades de su época educadas en cuestiones de Arte y Literatura, un lago profundo, un angosto bosque o una elevada montaña, más allá de su estatuto geológico o físico, fueron principalmente sentimientos. Comportamientos afectivos que no podían identificarse ya de forma directa con ningún tipo de sentimiento religioso definido, pero que, a pesar de ello, manifestaban una "continua percepción de Santidad en toda la naturaleza, desde el detalle más pequeño al más grande un asombro instintivo, mezclado con deleite" [xvi].

Esta asociación sólidamente inscrita en la tradición discursiva que dota de importancia a nuestro concepto de Arte, y promovida desde los ideales esencialistas y universalizadores de la lógica filosófica en que se sustenta, se ha naturalizado de tal manera que cuesta convencerse de que el placer asociado a la visita o contemplación de

captured in the words of Alberti lost their value. They were to be replaced by distanced models of perception – once our idea of Art had been configured and the new ways of appreciating it, based on Aesthetics, had been defined – in which *aesthesis* had to undergo a process of disinterested purification that has lasted right through to the present day.

In *Modern Painters* (1843) John Ruskin wonders what someone unfamiliar with art would think of the presence that landscape had come to enjoy in the paintings of the day. According to Ruskin, the immediate response of the ordinary man would be: "There is something strange in the mind of these modern people!" [xv] In fact no other period in history prior to Romanticism had shown quite so much aesthetic interest in looking at landscapes. For Ruskin, and indeed for the sensibilities of those in his era educated in matters of Art and Literature, a deep lake, a small wood or a high mountain were mainly *feelings*, above and beyond their geological or physical constitution. In other words, they represented affective behaviours that could not be identified directly with any kind of defined religious sentiment but that, in spite of this, revealed a "continual perception of sanctity in the whole of Nature, from the slightest thing to the vastest; an instinctive awe, mixed with delight." [xvi]

This association – which is firmly embedded in the discursive tradition that lends weight to our concept of Art and is promoted from within the essentialist and universalizing ideals of the philosophical logic on which it is based – has become naturalized to such an extent that it is hard to believe that the pleasure associated with seeing or contemplating precipitous mountains, desolate plains or raging seas has no historical antecedents beyond the Enlightenment. Such feelings about the landscape rather depend on

escarpadas montañas, desoladas llanuras o mares revueltos no tiene antecedentes históricos más allá de la Ilustración. Tales sentimientos ante el paisaje dependen más bien de los avances científicos que propiciaron el cambio de mentalidad que la modernidad instauraba y que obligaron a reordenar los discursos autorizados hasta entonces (teología, filosofía, geología o astronomía) para definir la *Naturaleza*. La sofisticada asociación del paisaje a un tipo de contemplación contradictoriamente estética y sentimental es intrínseca a la racionalización de la actividad humana que genera finalmente la reificación comercial de esa contemplación. Como muestra el extracto de las memorias de Dorothy Wordsworth al inicio de este apartado, para cuando el estudioso de los reacciones estéticas del hombre ante el paisaje apenas había llegado a intuir unos cuantos rasgos generales, el paisaje y su experiencia ya se había convertido en una mercancía al servicio de quien pudiera permitírselo económicamente. La aparición de la fotografía en este proceso supuso un indudable acicate para las pseudo-industrias culturales del momento. Y su irrupción, como nueva tecnología de la imagen, conllevaba a su vez la necesidad de reevaluar los valores asociados hasta entonces a la experiencia del paisaje, re-instanciándose en esas reevaluaciones la inevitable distinción entre formas de contemplación puras y formas de contemplación impuras.

Es este encuentro histórico entre fotografía y paisaje, en donde fijaré el último estadio de mi reflexión en torno a *Trazos sobre un mapa breve*. Es aquí donde la imagen de portada despliega todo su sentido y donde los trazos, las marcas o las huellas de cada una de las imágenes de este libro ilustrado asumen plenamente su condición de

the scientific advances that contributed to the change in mentality imposed by modernity and that forced a reorganization of the discourses that had been authorized up to that point (theology, philosophy, geology or astronomy) to define *Nature*. The sophisticated association between the landscape and a type contemplation that is aesthetic and, contradictorily, sentimental is intrinsic to the rationalization of human activity that ultimately generates the commercial reification of that contemplation. As Dorothy Wordsworth's observation, quoted earlier, testifies, by the time scholars of man's aesthetic reactions to the landscape had barely started to discern a few general traits, the landscape and how it was experienced had already turned into a piece of merchandise available to anyone who could afford it. The appearance of the photograph in this process undoubtedly proved to be a tremendous spur for the pseudo-industries of the time. And its emergence as a new technology of the image brought with it the need to reassess the values that had been associated up to that point with how the landscape was experienced – a reassessment that led to the inevitable distinction between pure and impure forms of contemplation.

It is on this historic encounter between photography and landscape that I will focus in the last part of my reflection on *Trazos sobre un mapa breve*. It is here that the cover image displays the entire meaning of this encounter and where the traces, marks or tracks left by each image in this illustrated book fully take on the nature of building blocks. It is here that Campillo highlights the role of the pictorial when landscape photography sought to free itself of the dread people felt when confronted with the evident, the completely visible, inherent in the very nature of its mechanism.

material de construcción. Es aquí donde Campillo subraya el papel que cubrió lo pictórico cuando la fotografía de paisaje quiso desembarazarse del espanto ante lo evidente, ante lo completamente visible, inscrito en la propia naturaleza de su mecanismo.

El discurso en torno a la vocación artística de la fotografía, contra otras formas de entender sus usos, mostró desde su origen síntomas de ese espanto ante lo evidente. En 1853, Sir William Newton, uno de los fundadores de la Royal Photographic Society, lamentaba la limitación de la cámara frente a la pintura de paisaje para captar el *velo atmosférico* de la naturaleza[xvii]. Newton entendió la fotografía como arte elevado sólo en la medida en que era capaz de reproducir los efectos de la pintura al óleo o de la acuarela. De ahí que la academia defendiera la realización de fotografías con algo de desenfoque no sólo para amortiguar el efecto que suponía la irrupción de una tecnología de la imagen eminentemente mecánica, sino sobre todo para mantener a raya la distancia controlada que la tradición de la Royal Photographic Society había promovido con respecto a lo real –a lo meramente mimético, mecánico o superficial[xviii].

La Royal Photographic Society se enfrentaba en este momento justo al asunto que desde la reflexión de Benjamin ha estado en la base de las preocupaciones postmodernas en torno a la espectacularización de la cultura, el poder mediático de la imagen, o el estatuto de autonomía del mundo del arte y de sus productos, esto es, el carácter reproductivo de la imagen y la popularización de la obra de arte. Es revelador, en este sentido, el hecho de que la nueva tecnología asociada al paisaje se adaptara de forma inmediata al formato del *libro ilustrado* que, no

From the outset, the discourse around the artistic vocation of photography, as opposed to other ways of understanding its uses, showed symptoms of that dread in the face of the evident. In 1853, Sir William Newton, one of the founders of the Royal Photographic Society, complained about the limitations of the camera compared to landscape painting when attempting to capture the "atmospheric veil" of nature[xvii]. Newton regarded photography as high art only to the extent to which it was able to reproduce the effects of oil painting or watercolour. Hence, the Royal Photographic Society defended the need to take photographs that were slightly out of focus, not only to dampen the effect of the emergence of an image-technology that was eminently mechanical in nature, but above all to uphold the controlled distance that the tradition of the Royal Academy of Arts had established to keep the merely mimetic, mechanical or superficial at arm's length from the *real*.[xviii]

Just at this time, the Royal Photographic Society was having to deal with the very issues that, since Walter Benjamin, have been at the heart of post-modern concerns regarding the spectacularization of culture, the media power surrounding the image or the autonomous nature of the art world and its products – in other words, the reproductive nature of the image and the popularization of the work of art. In this regard, the fact that the new technology associated with landscape should immediately be adapted to the format of the *illustrated book* is quite revealing, this format having been commercialized by the publishing industry for decades, and not without its controversy. Influential personalities of the elite culture of the day had denounced the format as infantile entertainment that was capable, with its illustrations, of corrupting a certain profound sense

Figura 8. Joseph Mallord William Turner, *Loch Katrine*, estampa sobre papel, 1834.

Figure 8. Joseph Mallord William Turner, *Loch Katrine*, Line Engraving on paper, 1834.

Figura 9. William Henry Fox Talbot, *Loch Katrine*, calotipia, 1845.

Figure 9. William Henry Fox Talbot, *Loch Katrine*, Calotype, 1845.

exento de polémica, la industria editorial llevaba décadas comercializando. Personajes influyentes de la cultura de élite lo habían denostado como un entretenimiento infantiloide que pervertía, con la inclusión de ilustraciones, cierto espíritu o sentido profundo de la literatura. Sin embargo, artistas del momento como William Turner y fotógrafos como Henry Fox Talbot producían su obra para esta industria. Estas producciones contribuyeron de forma muy ilustrativa a lo que podemos considerar como una especie de *querelle* del momento que no dejaba de reeditar antiguos esquemas de rechazo a la imagen.

La aportación de Turner consistió en la realización en 1818 de doce ilustraciones para el texto de Sir Walter Scott *Provincial Antiquities and Picturesque Scenery of Scotland* (1831) (Fig. 8). Por su parte, Fox Talbot, siguiendo la estela de Turner como antecedente directo, publica en 1845 sus *Sun Pictures in Scotland* (Fig. 9), una especie de catálogo fotográfico de viajes liberado ya de su función auxiliar al texto literario. Mientras el trabajo de Turner se aproximaba a un tratamiento pintoresco del ambiente romántico implicado por la poesía de Scott, las imágenes de Fox Talbot parecen renunciar a ese tratamiento y orientarse hacia una función básicamente topológica de la fotografía en disputa con las demandas románticas del turista de la época y de la Royal Photographic Society. Así, mientras las ilustraciones de Turner fueron consideradas el punto álgido de su carrera como ilustrador de libros, las *Sun Pictures* de Fox Talbot nunca fueron bien recibidas ni por público ni por crítica.

Asumir la experiencia romántica de la naturaleza que populariza la industria cultural y turística de los siglos XVIII y XIX como un pastiche supuso desde las primeras rupturas

or spirit associated with literature. However, artists of the time such as William Turner and photographers such as Henry Fox Talbot produced their work for this very industry. Such output contributed very clearly to what we might think of as a kind of *querelle* of the moment, which continued to rehash old arguments for rejecting the image.

Turner's contribution was to produce 12 illustrations, in 1818, for Sir Walter Scott's text entitled *Provincial Antiquities and Picturesque Scenery of Scotland* (1831) (Fig. 8). Elsewhere, in 1845 Fox Talbot, directly following in Turner's footsteps, published *Sun Pictures in Scotland* (Fig. 9), a type of photographic catalogue of journeys that was entirely free of any supporting role to accompany literary text. While Turner's work was approaching a picturesque treatment of the romantic ambience conveyed by poetry, Fox Talbot's images appeared to reject this approach and aim toward an essentially topological function of photography, in conflict with the romantic demands of the tourists of the period and also of the Royal Photographic Society. Thus, while Turner's illustrations were considered pivotal in his career as a book illustrator, Fox Talbot's *Sun Pictures* were never well received, either by the public or by critics.

Taking the romantic view of nature that popularized the cultural and tourism industry of the 18th and 19th Centuries as a pastiche meant, from the earliest breakthroughs of the avant-garde, a declaration – against the universalist aspirations of the discourse that promoted it – of its conventional *nature*. For a considerable time, the search for a glimpse of a new and more authentic landscape has meant coming to terms with the intervention of image-technologies, albeit with a degree of mistrust because of the danger of its irrepressible link with stereotypical forms

de vanguardia la constatación, contra las aspiraciones universalistas del discurso que la promocionaba, de su *naturaleza* convencional. Durante mucho tiempo, la búsqueda de una mirada al paisaje nueva y más auténtica ha asumido la mediación de tecnologías de la imagen con cierto recelo por el peligro que conlleva su vínculo irreprimible a formas de percepción y apreciación estereotipadas. Pero esta ambición no deja de estar en la base de un ideal romántico del quehacer artístico que en la actualidad satisface aún menos, y es que la experiencia en que se materializa insiste en los esquemas de experiencia alienada que más rentabilidad aportan a la maquinaria capitalista contemporánea. En este contexto, resiste la energía ensimismada y distraída con que Campillo insiste en generar ocasiones para una experiencia de la naturaleza más libre.

Ignacio López Moreno

of perception and appreciation. But this aspiration is at the very heart of a romantic ideal of the artistic endeavour that, these days, is even less satisfying; and the form in which this endeavour materializes is doomed to follow those models of alienated experience that are the most profitable for contemporary capitalist workings. In this context, Campillo pushes against such models, choosing to remain absorbed in his own line of thinking to generate opportunities for experiencing nature more freely.

Ignacio López Moreno

[i] Busco con el uso de este término aproximarme a un modo del objeto artístico (de los *facticia*) que entre los griegos no servía ya para dar cuenta de algo determinado o cerrado, "sino para indicar la fuente perpetua de un acontecimiento". Refiriéndose a las estatuas griegas calificadas por el *agalma*, Giorgio Agamben afirma que "nos miran desde un lugar que precede y supera nuestra distinción sujeo/objeto. Agamben, G. (2001). *Estancias. La palabra y el fantasma en la cultura occidental.* Valencia: Pretextos, p. 113.

[ii] Tarkovski, S. (Director) (1972). *Solaris* [DVD]. URSS: Kinostudiya Mosfilm.

[iii] Crary, J. (2013). 24/7. Londres (Reino Unido): Verso.

[iv] Ibidem. p. 17.

[v] Foucault, M. (2003). *Las palabras y las cosas. Una arqueología de las ciencias humanas.* Buenos Aires (Argentina): Siglo Veintiuno editores.

[vi] Crary, J. (2013). *24/7.* Londres (Reino Unido): Verso, p. 8.

[vii] Eliasson, O. (2006). *Caminos de la naturaleza.* Madrid: La Fábrica y Fundación Telefónica, p. 15.

[viii] Ibidem. p. 17.

[ix] Fried, M. (2004). *Arte y Objetualidad. Ensayos y reseñas.* Madrid: La balsa de Medusa, p. 192. "Esta preocupación marca una profunda diferencia entre la obra literalista y la pintura y la escultura modernistas. Es como si la experiencia que pudiera tener uno de estas últimas no tuviera duración –y no porque uno percibiese en realidad un cuadro de Noland u Olitski, o una escultura de David Smith o de Caro como si estuvieran fuera del tiempo, sino porque en cada momento, la propia obra se pone de manifiesto en su totalidad".

[x] Crimp, D. (2005). *Posiciones críticas. Ensayos sobre las políticas de arte y la identidad.* Madrid: Akal, p. 25.

[xi] Joselit, D. (2012). *After Art.* New Jersey (EEUU): Princeton University Press.

[xii] Ibidem, p. 32. Es significativa la persistencia y operatividad, con un sentido ideológico mucho más nítido, más de cuatro décadas después de las dimensiones espaciales y temporales relacionadas con la recepción del minimal que condujeron hacia las primeras

[i] In using this term I am seeking to approximate a kind of artistic object (of the *facticia*) that, to the Greeks, was no longer associated with something solid or definitive, but rather "the perpetual source of an event". Referring to the Greek statues designated by the *agalma,* Giorgio Agamben asserts that "they gaze at us from a place that precedes our distinction subject/object". Agamben, G. (1993) *Stanzas. Word and Phantasm in Western Culture.* Minneapolis (USA): University of Minnesota, pp. 59–60.

[ii] Tarkovsky, S. (Director) (1972). *Solaris* [DVD]. USSR: Kinostudiya Mosfilm.

[iii] Crary, J. (2013). *24/7.* London (UK): Verso.

[iv] Ibidem. p. 17.

[v] Foucault, M. (1970). *The Order of Things. An archaeology of the human sciences.* New York (USA): Pantheon Books.

[vi] Crary, J. (2013). *24/7.* London (UK): Verso, p. 8.

[vii] Eliasson, O. (2006) *Caminos de la naturaleza.* Madrid (Spain): La Fábrica y Fundación Telefónica, p. 14.

[viii] Ibidem. p. 16.

[ix] Fried, M. (1998). *Art and Objecthood. Essays and reviews.* Chicago (USA): The University of Chicago Press, p. 167. "That preoccupation marks a profound difference between litera-list work and modern painting and sculpture. It is as though one's experience of the latter has no duration – not because one in fact experiences a picture by Noland or Olitski or a sculpture by David Smith or Caro in no time at all, but because *at every moment the work itself is wholly manifest.*"

[x] Crimp, D. (Spring 1997). Pictures. In *October,* Vol. 8, 75–88.

[xi] Joselit, D. (2012). *After Art.* New Jersey (USA): Princeton University Press.

[xii] Ibidem, p. 32. Not insignificant are the tenacity and greater ideological clarity – some 40 years on – of the spatial and temporal dimensions associated with the establishment of minimalism that paved the way toward the first post-modern critiques. Joselit describes the spectator's experience in the following terms: "… If you slowly move from postcard to postcard and really *look*, something paradoxical

críticas postmodernas. Joselit describe la experiencia del espectador en los siguientes términos: "…If you slowly move from postcard to postcard and really *look*, something paradoxical happens: the experience of each picture is both the same as and distinct – spatially as well as temporally – from all the others …"

[xiii] Citado por Gombrich, E. (1984). *Norma y forma. Estudios sobre el arte del Renacimiento*. Madrid: Alianza Editorial.

[xiv] Véase Daston, L., Park, K. (2001). *Wonders and the Order of Nature*. New York (EEUU): Zone Books, o para una revisión algo más extensa de la cuestión, Foucault, M. (2003). *Las palabras y las cosas. Una arqueología de las ciencias humanas*. Buenos Aires (Argentina): Siglo Veintiuno editores.

[xv] Citado por Nicolson, M.H. (1997) *Mountain Gloom and Mountain Glory. The development of the aesthetics of the infinite*. Seattle (EEUU): University of Washington Press.

[xvi] Ibidem, p. 6.

[xvii] Newton, W. (1853). Upon Photography in an Artistic View, and in its relation to the Arts. En *Journal of the Photographic Society*, nº 1.

[xviii] En este asunto sigo el provocador estudio de Gillen D'Arcy Wood sobre el impacto de la cultura visual en el contexto romántico británico del siglo XIX. Véase D'Arcy Wood, G. (2001). *The Shock of the Real. Romanticism and Visual Culture, 1760-1860*. Hampshire (Reino Unido): Palgrave.

happens: the experience of each picture is both the same as and distinct – spatially as well as temporally – from all the others …"

[xiii] Quoted in Gombrich, E. (1994). *Norm and Form. Studies in the art of the Renaissance*. London (UK): Phaidon.

[xiv] See Daston, L., Park, K. (2001). *Wonders and the Order of Nature*. New York (USA): Zone Books. For a more extensive overview of the topic, see Foucault, M. (1970). *The Order of Things. An archaeology of the human sciences*. New York (USA): Pantheon Books.

[xv] Quoted in Nicolson, M.H. (1997). *Mountain Gloom and Mountain Glory. The development of the aesthetics of the infinite*. Seattle (USA): University of Washington Press.

[xvi] Ibidem, p. 6.

[xvii] Newton, W. (1853). Upon Photography in an Artistic View, and in its relation to the Arts. *Journal of the Photographic Society*, Nº 1.

[xviii] On this topic I refer to the provocative study by Gillen D'Arcy Wood on the impact of visual culture on the British romantic context of the 19th Century. See D'Arcy Wood, G. (2001). *The Shock of the Real. Romanticism and visual culture, 1760–1860*. Hampshire (UK): Palgrave.

GOING

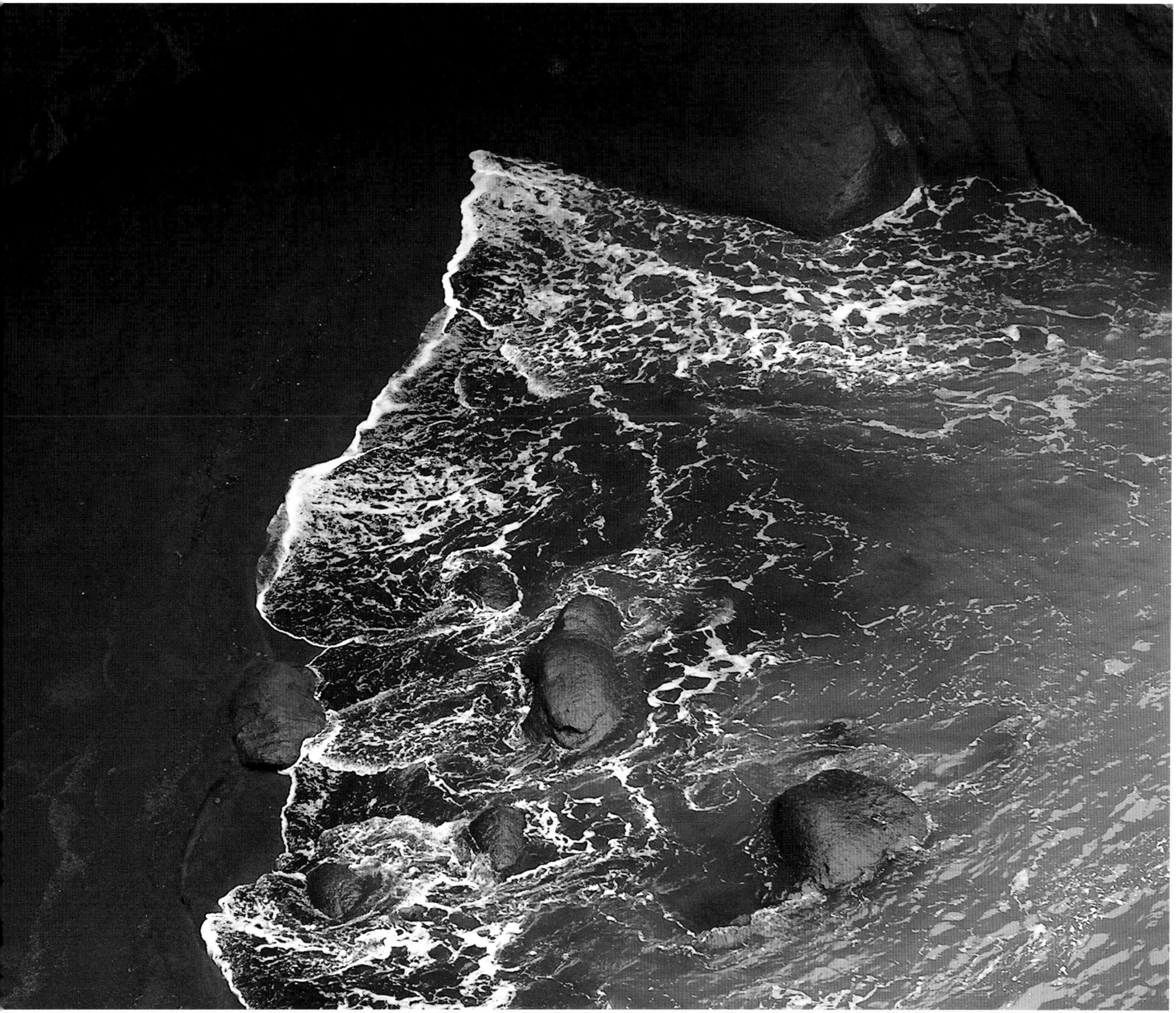

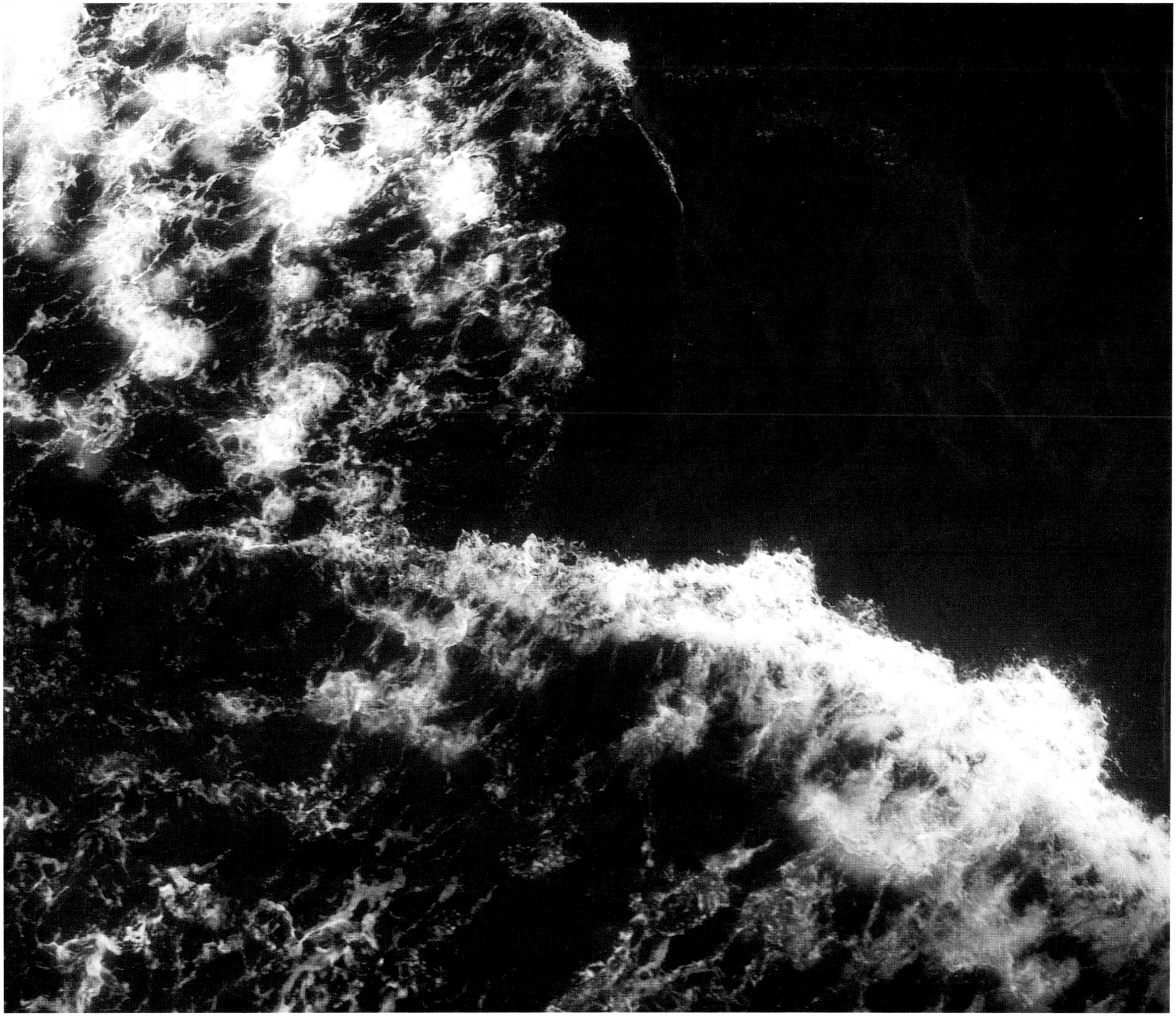

DRAKE PASSAGE 102-104
LIVINGSTONE ISLAND 33, 35
SNOW ISLAND 19
BRANSFIELD STRAIT 21, 29, 39
DECEPTION ISLAND 11, 12, 30, 59-101
GERLACHE STRAIT 37

EDICIÓN/PUBLISHER

EDITORIAL UNIVERSIDAD DE GRANADA

INSTITUCIONES COLABORADORAS / COLLABORATING INSTITUTIONS

Universidad de Granada

CEI BioTic

CEIMAR

Instituto Andaluz de Geofísica

TRADUCCIÓN/TRANSLATION

Amanda Dale

DISEÑO E IMPRESIÓN/DESIGN & PRINT

Bodonia Artes Gráficas, S. L.

D.L. GR 2376-2014

ISBN 978-84-338-5711-8

Impreso y encuadernado en Granada (España)/Printed and bound in Granada (Spain).

AGRADECIMIENTOS

Quiero expresar mi agradecimiento a las instituciones que han confiado en este proyecto editorial: la Universidad de Granada, los Campus de Excelencia Internacional CEI BioTic y CEIMAR y el Instituto Andaluz de Geofísica. Con su inestimable apoyo han hecho posible invertir tanto tiempo y esfuerzo en la realización de este libro, permitiéndome adoptar las decisiones artísticas necesarias con total autonomía e incondicionalidad.

De manera especial, quiero dar las gracias a Amanda Dale –editora inexorable de textos e ideas– por su generoso compromiso con este proyecto desde los primeros pasos. Siempre lista con una pregunta difícil bajo el brazo, sus oportunas observaciones sobre la edición final han permitido flexibilizar aporías y corregir redundancias.

Las reflexiones de Ignacio López son siempre magníficos puentes que unen discusiones rigurosas, llevando a la razón lo que discurre por emoción. Le agradezco su paso y su tiempo.

Revisando el archivo de imágenes, recuerdo con gran aprecio al grupo de investigadores que participaron en la campaña TOMO-DEC en la Isla Decepción: Gerardo Alguacil, Javier Almendros, Andrew Barclay, Daria Zandomeneghi, Luisa Buontempo, Enrique Carmona, Paco Carrión, Belén Martín, Elena Ocaña, Inmaculada Serrano, Yolanda Jiménez, Raúl Páez, Rafael Abella, Bernard Chouet, Phillip Dawson, Willian Wilcock, Vincenzo Nisii, Daniel Stich, Luciano Zucharello, Mauricio Bretón, Francesca

ACKNOWLEDGEMENTS

I would like to express my gratitude to the institutions that have given their backing to this editorial project: the University of Granada; the two Campuses of International Excellence – CEI BioTic Granada and CEIMAR; and the Andalusian Geophysics Institute. Thanks to their invaluable support I have been able to invest significant time and effort in creating this book and take the necessary artistic decisions with unconditional autonomy.

I would like to give my special thanks to Amanda Dale – inexorable editor of books and ideas – for her generous commitment to this project from its very earliest days. Always ready with a difficult question to hand, her timely observations on the final edit have enabled me to loosen any *aporias* and correct redundancies.

The reflections offered by Ignacio López always provide a wonderful bridge between one rigorous debate and another, bringing the emotional into the realm of reason. I am grateful for his passage through this book, and his time.

Sorting through my archive of images, I remember with enormous appreciation the group of researchers who took part in the TOMO-DEC expedition to Deception Island: Gerardo Alguacil, Javier Almendros, Andrew Barclay, Daria Zandomeneghi, Luisa Buontempo, Enrique Carmona, Paco Carrión, Belén Martín, Elena Ocaña, Inmaculada Serrano, Yolanda Jiménez, Raúl Páez, Rafael Abella, Bernard Chouet, Phillip Dawson, William Wilcock, Vincenzo Nisii, Daniel Stich, Luciano Zucharello, Mauricio

Martini, Enrique Guevara, Gabriela Badi; fue un honor participar junto a ellos en la campaña, una puerta enorme de conocimientos nuevos y una entrañable apología al buen trabajo en equipo.

La dotación de la Armada que operó en el BIO Hespérides, desde el puente hasta la sala de motores, y, también, el equipo de la Unidad de Tecnología Marina (UTM-CSIC) me permitieron todas las facilidades posibles para la realización de este trabajo mostrándome su disposición y su cercanía. A todos mi más sincero reconocimiento y mi amistad.

Pero sin duda es Jesús Ibáñez, investigador principal y responsable de la campaña, quien debe ser el adeudado preferente de estos agradecimientos. Su decisión de contar con la participación de mi trabajo en la isla Decepción originó la toma de imágenes que conforman y son el objeto de este libro. Aquella elección no ha dejado de tener felices consecuencias para mí, y esta edición es una de las mayores.

Finalmente, tengo que nombrar a Ignacio, Pablo, y a Teresa que son mis pilares de apoyo, fundamentales e insustituibles.

Bretón, Francesca Martini, Enrique Guevara and Gabriela Badi. It was an honour to join them on this expedition which was, for me, the doorway to new knowledge and a touching example of effective teamwork.

The Navy personnel who operated the research vessel BIO Hespérides, from the bridge to the engine room, and the team from the Marine Technology Unit (UTM-CSIC) went out of their way to make my work easier and showed such goodwill and warmth towards me. To all of you, I extend my most sincere thanks and my friendship.

But, without doubt, it is to Jesús Ibáñez, principal investigator and head of the expedition, to whom I owe my most special thanks. His decision to enable me to conduct my work on Deception Island was where it all began – where the images you see in this book originated. That choice has had nothing but happy consequences for me ever since, and this publication is one of the greatest.

Finally, I must thank Ignacio, Pablo and Teresa – together, my irreplaceable bedrock.